食在中国

Chinese Cuisine

大 琦 著

 五洲传播出版社

图书在版编目（CIP）数据

地图上的中国．食在中国 ／ 大琦著．－－ 北京 ：五洲传播出版社，2022.1
ISBN 978-7-5085-4590-5

Ⅰ．①地… Ⅱ．①大… Ⅲ．①中国－概况②饮食－文化－中国 Ⅳ．①K92

中国版本图书馆CIP数据核字(2021)第222255号

审 图 号：GS（2021）8275号

食在中国

作　　者：大　琦
图　　片：图虫创意
出 版 人：关　宏
责任编辑：苏　谦
装帧设计：山谷有鱼　张伯阳

出版发行：五洲传播出版社
地　　址：北京市海淀区北三环中路31号生产力大楼B座6层
邮　　编：100088
电　　话：010-82005927，82007837
网　　址：www.cicc.org.cn, www.thatsbooks.com
印　　刷：北京中石油彩色印刷有限责任公司
版　　次：2022年5月第1版第1次印刷
开　　本：1/20
印　　张：6.9
字　　数：100千
定　　价：48.00元

中国美食分布图

哈尔滨
猪肉炖粉条
长春
沈阳

乌鲁木齐
新疆羊肉串
大盘鸡

呼和浩特
烤全羊

北京
驴肉火烧
北京烤鸭
老北京炸酱面
驴打滚与艾窝窝
天津
狗不理包子
十八街麻花

银川
太原
石家庄
济南

西宁
兰州
羊肉泡馍
陕西凉皮
肉夹馍
臊子面
兰州拉面
西安
山西面食
郑州

南京盐水鸭
松鼠鳜鱼
大闸蟹
南京
臭鳜鱼
合肥
上海
上海生煎

拉萨
酥油茶

回锅肉　水煮鱼
夫妻肺片
麻婆豆腐　成都
龙抄手
宫保鸡丁
重庆
武昌鱼
武汉热干面　武汉

杭州
腌笃鲜
龙井虾仁
西湖醋鱼
东坡肉

剁椒鱼头
长沙
南昌

贵阳
长沙臭豆腐
花溪牛肉粉
江西瓦罐汤

蚵仔煎
福州
佛跳墙
台湾卤肉饭
台北
台湾岛
兰屿

过桥米线　昆明
汽锅鸡

麻辣火锅

广东早茶
盐焗鸡
广式叉烧
广州
梅菜扣肉
香港
澳门
葡式蛋挞
东沙群岛

南宁

海口
海南岛

海南文昌鸡

图　例

★　北京　　首都
⊙　天津　　省级行政中心
────　未定　国界
────　省、自治区、
　　　　直辖市界
— — — —　特别行政区界

南宁
广州　香港　台湾岛
澳门
海口　东沙群岛
海南　西沙群岛
永兴岛　中沙群岛
　　　黄岩岛
南
钓鱼岛　赤尾屿

海　南　沙　群　岛

曾母暗沙

南海诸岛

食在中国

Chinese Cuisine

前 言···

　　有一句古语，体现了中国人最朴素的饮食观：民以食为天。在中国大地上，人们采用刀耕火种、土地轮作的方式种植粟、黍，可以追溯到公元前5000年至公元前3000年。火的发现，让人们摆脱了茹毛饮血的生食方式。熟食的出现，让食物变得更加美味，也更加安全。用火把食物做熟，为主食提供了更多的可能性，不再以生肉为主，这意味着狩猎不再是必需，人们可以定居在一处，开垦荒地，春种夏长，秋收冬藏。安土重迁的定居生活方式，又极大促进了精神文明的发展，诗词歌赋、戏剧曲艺便一代代得以继承发扬。

　　食物是一面镜子，吃什么，为什么吃这种食物，为什么会用这种烹饪方式，为什么会选这个时间吃，甚至为什么会用这样的容器去盛放……所有这些"为什么"，背后都折射出地理环境、历史人文、社会变迁等综合因素。就像苏州以汤头为主打的"过桥面"，在交通工具不发达的年代，会影响到2500公里之外的云南，演变成著名的"过桥米线"，就是因为元、明、清连续三个朝代实施"军屯"政策，大批民众从江南往西南迁移，也把江南美食带到了那里。"鸭都"南京的"金陵片鸭",能北上 1000 多公里,经过改良,被冠以"北京烤鸭"之名,并成为北京的美食名片,则是始于 1403 年开始的明朝都城北迁。

老百姓在吃不起肉的年代,就想尽办法利用好各种食材:那些无人问津的牛内脏,在成都就变成了"夫妻肺片",在重庆就变成了"麻辣火锅";祭祀用过的三牲五牲,在四川就变成了回锅肉,为了祭祀摆桌好看而切下来的边边角角,在台湾就变成了卤肉饭。

贸易的需求促使人们开辟了丝绸之路,与欧亚大陆的交流使得更多的调味料进入中国。胡椒、辣椒、丁香、桂皮、孜然、八角、豆蔻、草果、砂仁、大茴香、月桂叶、胡卢巴、甘草、芥末、姜、大蒜、茴香子、姜黄、肉豆蔻……这些调味料极大地激发了中国人对于食物的想象力,也改写了中国饮食的历史。

一道菜的背后,是一个故事、一段历史。古往今来,岁月变迁,不管时代如何发展,科技如何进步,中国人对饮食的热爱始终如一。

目 录

01

京城老号

北京烤鸭

　　几百年来，北京烤鸭成为北京美食的头牌，更成为中华美食的经典。便宜坊的焖炉技艺和全聚德的烤炉技艺，都成为国家级非物质文化遗产。

　　人们都说，外国人来北京必做的三件事是逛故宫、吃烤鸭、爬长城。烤鸭已经成了北京美食的代表。据说，1995年美国前总统老布什夫妇庆祝金婚，特意邀请了北京的厨师带着最好的鸭子和调料，飞往休斯敦现场制作。这道口味正宗的北京烤鸭，也成为当天宴席上最受欢迎的菜肴。

　　其实，北京烤鸭最初是由一位南京的老板带到北京的。1416年，这位南京老板在北京开了一家烤鸭店，取名"便宜坊"，主打"金陵片皮鸭"。以便宜坊为首的烤鸭流派，使用焖炉烤法，就是将木炭充分燃烧后，把鸭子挂入炉内，不见明火焖烤。因为源自南京，所以这种焖炉烤鸭

也叫"南炉鸭"。南京烤鸭进入北京后，用北京特产的白鸭代替了南京的麻鸭，又把焖炉燃料换成了果木屑，用以增加香气，还在鸭腔内填入果蔬、红枣、茗茶等解腻去腥。

焖炉烤鸭流行400多年后，1864年，北京城第一家全聚德烤鸭店开张。老板请来了御厨孙小辫，他从清朝宫廷烧烤和粤菜烧腊中获得灵感，把鸭子直接吊在明火上烤。这种烤鸭被称为"挂炉烤鸭"，其制作工艺更精细，燃料也使用枣、桃、梨等果木，烤出来的鸭子外皮是透亮的枣红色，有一种特殊的香味。

不管是焖炉还是挂炉，北京烤鸭从制作到品尝，处处都充满了仪式感。烤好上桌的鸭子，一定是片成108片，这叫"丁香叶"。卷鸭肉的小饼，大小厚薄也都有讲究。三片鸭肉配着黄瓜、葱丝，蘸上酱，卷上饼，一口吃下去，回味无穷。最好吃的还是鸭胸脯的那几片皮，酥而不干，蘸一下白砂糖，鸭皮入口即化，口感十分特别。

老北京炸酱面

有人说，一千个北京家庭，就有一千种吃炸酱面的方法。虽然都是家常饭，都叫炸酱面，但是面的做法却不相同；配料的"小碗干炸"和"七碟八碗"，又因时令和各家口味的不同而各有不同。

正宗的老北京炸酱面，讲究的是自己抻面或者揪片。抻面虽然看上去很像拉面，但是抻面不加盐、碱，面没有那么筋道，抻起来就更讲究技巧，对和面的要求也就更高。

吃过地道的抻面，就会看不上手擀面：面擀薄，再切好，技术要求低太多。相比之下，揪片也算是有难度的。一团面，要擀成条状，再一点点揪下来。做揪片的人如果非常熟练，面片就会极富节奏感地跳跃到案几上，等待着变成美味。

吃炸酱面，冬天和夏天又是两种做法。煮好的面捞出来投入冷水，既降温，又能洗去淀粉，口感更为清爽，是夏天的吃法；煮好的面沥去面汤，直接盛入碗中，趁热吃下，是冬天的吃法。

炸酱就更讲究，可谓炸酱面的灵魂。一般家里都会用六必居的干黄酱，搭配天源的甜面酱。六必居创建于1530年，招牌就是酱和酱菜。北京人常说的"小碗干炸"，就是干黄酱和甜面酱按照个人口味调配好，锅里放油烧热以后，加入葱姜料酒，也可以再加入五花肉丁或鸡蛋。前面的料都煸出香味以后，再把搭配好的酱倒进去。"小碗"，说的是酱不能太多，多了香味散不出来；"干炸"，就是不能放水，纯用油脂，让酱的味道慢慢地融合释放。小火慢炸，成品干、湿、甜、咸适中，用筷子划开，划痕清晰可见，这才是一碗好酱。

　　"七碟八碗",是说吃炸酱面的配菜,这叫"面码儿"或者"菜码儿"。要有七八样,还分明码和暗码。明码是切丝后可以直接上桌的,如萝卜丝、黄瓜丝;暗码需要用水焯一下,如青豆、黄豆、豆芽、白菜丝。摆盘上桌,煞是好看。

　　一碗面里的各种讲究,就做成了北京人最难忘的家的味道。

驴打滚与艾窝窝

中国地域辽阔，南北口味相差很多，但是有一种点心能让南北方的人们在口味上一致通过，那就是香甜软糯的驴打滚和艾窝窝。

在传统的北京小吃店里，驴打滚和艾窝窝总是成对出现。这两种点心都是以糯米为主料，软糯香甜，口感细腻。

驴打滚，是一个很形象的名称。驴感到累或者身上痒的时候，会就地打滚，蹭一身黄土，像极了点心外面裹的那一层黄豆面。令人意想不到的是，这么接地气的名字，竟然来自清朝末年的皇宫。相传慈禧太后非常喜欢吃一种糯米糕，而备餐的小太监不小心把点心掉进了豆面盆，又来不及准备新的，就只好端了上去。慈禧吃得很开心，问点心名字，总管太监李莲英机智地回答这叫"驴打滚"。名字有趣，味道又好，驴打滚就这样从宫廷传入民间，传播开来。

　　艾窝窝的历史更早，可追溯到元代，那时候叫"不落夹"。明代万历年间有记载，"以糯米饭夹麻糖为凉糕，丸而馅之为窝窝，即古之不落夹是也"。

　　不落夹显然没有艾窝窝知名度高，因为艾窝窝还有一段传说。清朝皇帝乾隆的爱妃香妃因为思念家乡的亲人，茶饭不思，乾隆便下令让她家乡的人给她做饮食。后来香妃的亲人为她做了点心艾窝窝，香妃十分喜欢，乾隆皇帝就命人天天给她做。从此，艾窝窝就成了宫廷名吃。

　　几百年过去，故事已经难辨真假，只有美味，实实在在地传了一代又一代。

02

麻辣江湖

回锅肉

当地人这样说："入蜀不吃回锅肉，等于没有到四川。"2018年，四川回锅肉被评为"中国菜"四川十大经典名菜。

川菜，融汇了中国各大菜系的特点，博采众家之长，以其调味丰富多变、菜式多样，以及烹饪方法的别具一格，成为中华料理的集大成者。

川菜本身，也分三个流派。

上河帮川菜又叫蓉派，以川西成都、乐山为中心，历史悠久，一直传承着川菜中的宫廷菜等高端菜。蓉派追求层次多变的口感，偏爱使用藤椒、凉卤和红油，口味温和，菜品精致细腻，代表菜是麻婆豆腐、宫保鸡丁、钵钵鸡和鱼香肉丝。

小河帮也叫盐帮派，以川南的井盐产地自贡为中心，还包括宜宾、泸州、内江、涪陵。盐帮派重辣少麻，喜欢以辣提鲜，味厚且重，多用不常吃的原料，如兔、蛙。水煮系列，是盐帮派的代表菜。

下河帮又称渝派，以重庆江湖菜、万州大碗菜为代表，有着浓郁的市井气息。作为物流枢纽重地，重庆的菜品原料也是丰富多样。渝派整体风格粗犷大气，用料大胆，从不拘泥于材料。

三大流派多年来各有千秋，而唯一能让三派口感统一的菜品只有一样：回锅肉。

回锅肉起源于四川农村，古时称"油爆锅"，是一道很家常的菜。明朝末年，辣椒从美洲传入中国，清末郫县豆瓣酱又崛起，四川的人们改良"油爆锅"做法，将肉煮后回锅再次烹制，回锅肉一跃而成川菜之首。

回锅肉的用料，必得选用猪的坐臀肉。这个部位结实

　　坚挺、瘦六肥四，是制作回锅肉的不二之选。制作时，以清水白煮到七成熟，捞起切片，一定要切成2毫米左右的薄片。配料里的郫县豆瓣酱是川菜必用调料，大多数川菜都少不了它。而辣椒一定要选"二荆条"辣椒，再配上新鲜的香蒜苗。夏秋时节，每当蒜苗上市，就到了一年中吃回锅肉最好的时候。

　　回锅肉、宫保鸡丁、鱼香肉丝、麻婆豆腐，这四种菜是川菜厨师考级必考科目，也是考量一家川菜馆是否正宗的必吃菜品。

水煮鱼

　　川菜里的"水煮"系列，讲究的是"麻、辣、鲜、烫"。水煮鱼，更是因为"油而不腻、辣而不燥、麻而不苦、肉质滑嫩"，成为水煮系列的集大成者。

　　在没有蒸汽动力的年代，四川自贡开发井盐十分依赖黄牛。据说从1877年到1915年，自贡盐场使用的牛就接近3万头。退役的老牛在寿终正寝后，被做成了各种牛肉食品，其中最著名的就是自贡的"火边子"牛肉和盐帮招牌菜之一的"水煮牛肉"。

　　水煮这种做法，最早确实是清水白煮。因为是盐场的劳工们自己做来吃，所以煮法简单。后来，水煮牛肉的做法慢慢演变，水里的调料越来越多，味道也越来越重。这道菜从自贡传遍巴蜀大地，成了著名的"水煮牛肉"。

　　1983年，在重庆举办的一次厨艺大赛上，一位川菜厨师凭借一道水煮鱼拿了大奖。在此之前，水煮系列的主角一直都是牛肉。以鱼为主原料，还是第一次。

　　原来这位厨师的朋友经常为他带来嘉陵江的新鲜草鱼，吃得多了，他就开始琢磨鱼的不同做法。第一盆水煮鱼做出来的时候，所有人都赞不绝口，味道出乎意料的好。经过一次次改良，水煮鱼才拿到了大奖。从此，水煮鱼火遍了重庆。1999年，水煮鱼进入北京，人们为了吃水煮鱼，经常要排长队。到今天，水煮鱼已成为风靡全国的美味。

　　正宗水煮鱼，选料一定要新鲜草鱼，鱼鲜活，肉才鲜嫩。片鱼也讲究刀工，太厚的鱼片，不容易烫熟，煮得太久，又会影响口感，所以需要细致耐心地片成薄薄的鱼片。

　　水煮系列都离不开一种调料，那就是郫县豆瓣酱。四川郫县因为自然条件优越，为豆瓣的发酵提供了最佳环境，成就了中国顶尖的豆瓣酱。锅烧油热，姜蒜花椒和干辣椒都爆出香味后，放入郫县豆瓣酱一起翻炒。炒出香味后，再加水，放入鱼头鱼骨一起烧开，之后再放鱼片烫2分钟。豆芽、生菜、芹菜垫底，放上烫好的鱼片，再淋上麻辣热油，最后点缀香菜，一盆水煮鱼就可以上桌啦！

麻辣火锅

重庆不仅是雾都、桥都，还被中国烹饪协会正式授予"中国火锅之都"的称号。2016年，"重庆火锅"当选"重庆十大文化符号"之首。这个文化符号的最大亮点，就是麻辣火锅。

同样是火锅，不同地方，有不同的叫法。在北京就叫涮羊肉，而广式火锅在粤菜的传统里叫打甂炉，为了好认好念，也叫打边炉。有趣的是，在成都，一人份的火锅叫冒菜，一群人的冒菜才叫火锅。而在重庆，火锅一直就叫火锅，没有别的称呼。

用火烧锅、滚水涮烫食物的烹饪方法，早在3000多年前的商周时期就出现了。江西南昌西汉海昏侯墓出土的铜火锅，距今也有2000多年。宋代的火锅还有个好听的名字，叫"拨霞供"，到了清代，已经正式定名"火锅"。清代乾隆帝的千叟宴，上了有大约1500只火锅。连皇帝都大

加推崇，火锅在京城也就流行了起来。

　　然而这一切，都在人们品尝过重庆火锅之后，悄然发生了改变。很多达官贵人、文人墨客，第一次吃麻辣火锅就被折服，在他们的推崇下，重庆火锅的影响力与日俱增，从山城走向京城，又走向全国。

　　现在说起重庆火锅，就是麻辣火锅，而且一定要有毛肚。早年间，牛内脏一般是没人要的。于是这些废弃的牛内脏，在成都就变成了美味的夫妻肺片，而在重庆，就成了麻辣火锅。火锅这种烹饪方式，虽然是从宫廷传到民间，但是火锅里加辣椒和牛油、主菜用牛内脏的吃法，却是从民间发起的。

　　今天，人们涮火锅的食材越来越丰富，可以是牛羊肉等各种肉料，也可以是豆类、蔬菜类。麻辣火锅的流行，再次印证了一个道理：能够跨越阶层、民族和国界的，除了音乐，还有美食。

夫妻肺片

　　2017年5月，美国《GQ》杂志发布了"美国2017餐饮排行榜"，休斯敦一家川菜馆的招牌凉菜"夫妻肺片"荣登榜首，被评选为"年度开胃菜"。

　　夫妻肺片这道菜起源于清代末年，最早叫"盆盆肉"，是成都的街边小吃。勤俭的小贩们不忍看到牛内脏被废弃，便将其低价收来，做成了一道惊艳的美食。因为物美价廉，所以深受平民百姓的喜爱。没想到这种不入流的街头小吃，也赢得了当时很多上流人士的青睐。他们怕失了身份，又抵挡不了美食的诱惑，每吃一口都要左右观望，怕被认出，于是这道小吃又有了另一个名字——"两头望"。

　　20世纪30年代，有一对夫妻，丈夫叫郭朝华，妻子叫张田正，二人不断地改良"盆盆肉"配方，渐渐地在成都街头打响了名气。为了区别于同行，夫妻俩给这道美食改名叫"牛肉废片"。因为用的是废弃的边角料，倒也贴切。二人最初在当时成都的金河街上售卖。为了吃上这独

　　特的口味，食客们总是不辞辛劳地赶到金河街，去品尝夫妻二人制作的"废片"。后来为了更好听，"废"就改成了"肺"。食客里有一位书法家叫赵蕴玉，专门送了一块亲笔题写的"夫妻肺片"金字招牌。从这时起，"夫妻肺片"就从不入流的街边小吃变成了可登大雅之堂的开胃菜。

　　正宗的夫妻肺片，一定要精选新鲜的牛肉、牛舌、牛头皮、牛心、牛肚来制作。为了让每种原料都能有最好的口感，食材需要用不同的调料，分别卤煮。冷却之后，要由刀功好的大厨，片成最薄、最均匀的肉片，再精心码盘、淋上红油。红油也十分讲究，精选辣椒，配合适当比例的香料，磨面装碗；几种不同的食用油，按比例配好，分三次淋在辣椒面上，激发出辣椒面的香气。当红油浇在肉片上，浓香四溢，一份夫妻肺片才能上桌。

　　如今，"夫妻肺片"已经有了第三代非遗传承人，守着那块金字招牌，继续一丝不苟地做着"大张薄页、透明发亮、小麻小辣、清爽可口"的夫妻肺片。

麻婆豆腐

　　2018年，由中国烹饪协会主办评选的"中国菜"正式发布，麻婆豆腐被评为"中国菜"四川十大经典名菜。

　　清代同治年间，成都市北郊万福桥有一家"陈兴盛饭铺"。陈老板去世早，小店就由老板娘陈刘氏经营。陈刘氏脸上有麻点，人称"陈麻婆"。她最擅长的就是烹制豆腐，很多人为了她做的豆腐慕名而来，店铺也就改名叫"陈麻婆豆腐"。

　　麻婆豆腐传到今天已经有将近160年历史。在人们的心里，一碗正宗的麻婆豆腐必定离不开几样当地特产的调料：四川郫县豆瓣酱、重庆江北大红袍海椒、从唐朝起就被列为贡品的四川汉源花椒，还有制作技艺被列为国家非物质文化遗产的重庆永川豆豉。

　　只有这些指定调料搭配在一起，才能呈现麻婆豆腐最纯正的味道，而且比例一定要搭配好，否则就会喧宾夺

主，抢了豆腐的豆鲜味。

至于肉末是用牛肉还是猪肉，则全凭个人喜好。但是肉筋是一定要剔除干净的，否则肉末的口感就会老涩塞牙。

麻婆豆腐既可以用韧性强、质地老的北豆腐，也可以用软嫩的南豆腐。不管是哪种豆腐，火候都一定要到位，否则豆腐会变老，失去顺滑的口感。翻炒也讲究厨功，否则豆腐就会变碎，没了卖相。

豆腐传入日本，可以追溯到公元8世纪唐朝鉴真和尚东渡时期。在中国的南宋时期，豆腐已经在日本各个阶层都很流行，被称为"唐符"。麻婆豆腐出现后，更是在日本人最喜爱的中式料理中常年霸榜。

世界各地有中餐馆的地方，几乎都能见到这道菜。麻婆豆腐与宫保鸡丁、糖醋里脊一起，成为海外的中餐美食文化符号。

龙抄手

在中国，大江南北都能吃得到的面食，除了面条，就是馄饨。各地馄饨的馅料、风味虽然各有特色，但统一不变的，就是皮薄馅鲜、汤料鲜美。

馄饨，最初也是用于祭祀的。在宋代，一到冬至，店铺就会停业，各家各户包馄饨祭祖，礼毕之后，全家分食祭品馄饨。大户人家的祭品馄饨，有十多种馅，称为"百味馄饨"。世易时移，冬至祭祀吃馄饨的风俗几经演变，到今天，就变成了"冬至饺子夏至面"。

馄饨在各地有不同的叫法，北方多叫馄饨，新疆叫曲曲，安徽叫包袱，广东、香港叫云吞，台湾叫扁食。在成都，馄饨有个好听的名字：抄手。

抄手，是川渝一带人对馄饨的特殊叫法。人们熟悉的有重庆吴抄手、温江程抄手、内江鸡茸抄手等，这里面最出名的，还是成都的龙抄手。

成都龙抄手的创办人张武光，1941年与好友一起开了家"浓花茶社"。当时成都茶社遍地，要想从激烈的竞争中脱颖而出，就需要在卖点上下功夫。浓花茶社的最大卖点不是茶，而是抄手。

馄饨和饺子的最大区别就在于：馄饨重汤料，而饺子重蘸料。在那个吃肉都困难的年代，浓花茶社的抄手配的是鸡鸭猪肉煨成的高汤，真材实料，打响了名气。越来越多的人慕名而来，就为了品尝茶社的高汤抄手。张武光索性改了招牌，"浓花茶社"就变成了"龙抄手"。

随着人们生活水平的不断提高，抄手的配汤越来越丰富。龙抄手的高汤，也渐渐变成了老一代成都人怀念的味道。

宫保鸡丁

　　如果说有哪道经典名菜的起源最有争议，那一定是宫保鸡丁。鲁菜、川菜、贵州菜，甚至北京宫廷菜，都把它归入自家菜系。2018年，宫保鸡丁被中国烹饪协会评为"中国菜"之贵州十大经典名菜、四川十大经典名菜，而有的美食家干脆把它誉为"国菜"。

　　宫保鸡丁，是中华美食里非常少见的以官职命名的菜品。这道菜出名后，人们说起"宫保"这个官职，就会想到一个人：丁宝桢。

　　丁宝桢是贵州人，为人正直，一生清廉。他从1853年开始做官，到1886年去世，为官33年间为百姓做了很多好事。丁宝桢就任四川总督期间，曾命家厨将花生、鸡肉

与当地的辣椒、花椒同炒。由于丁宝桢最高官衔是太子太保，也就是人们常说的"宫保"，这道辣椒炒鸡丁后来就被人们命名为"宫保鸡丁"。

宫保鸡丁这道菜其实很简单。主原料是鸡脯肉和花生米，鸡脯肉切丁，加入少许黄酒和盐腌制，再加入干淀粉抓匀。配料也简单，喜欢吃麻辣可以放花椒和干辣椒，炒出香味，再放葱姜蒜煸炒出香味，然后倒入鸡丁，旺火爆炒，加入适量糖、米醋、料酒、生抽等调料。等鸡丁颜色变得油亮，再倒入辣椒油，最后放入花生米翻炒。这道菜入口微麻浅辣带酸甜味，花生香脆，鸡丁爽滑。

宫保鸡丁这样简单的一道菜，却被各大菜系争相认定是自家正宗，与其说是捧这道菜，不如说是为了纪念这位中兴之臣——丁宝桢。

03

本味江南

龙井虾仁

　　1972年，周恩来总理陪同访华的美国总统尼克松在西湖楼外楼用餐时，有一盘菜格外清新，尼克松品尝后赞不绝口。虾仁晶莹鲜嫩，茶芽翠绿清香，这道菜就是盛名远扬的龙井虾仁。

　　以茶叶入馔，可以追溯到2000多年前的春秋时期，那时的人们就已经知道"以茗为菜"。唐朝时，人们用茶"滋饭蔬之精素，攻肉食之膻腻"，茶室会供应粥茶、茶叶蛋。到了宋朝，各种茶会、茶宴上提供的茶食，让茶叶菜肴更加丰富起来。

　　龙井虾仁，是清末皇帝的老师翁同龢发明的。翁家"一门四进士，一门三巡抚；父子大学士，父子尚书，父子帝师"，家门显赫，自然也就见识不凡。翁同龢本人也是有名的美食家，对饮食品鉴力极高，又讲究精细雅致，于是就琢磨出了龙井虾仁这道菜。

　　龙井，说的是杭州的龙井茶。公元4世纪，杭州灵隐

寺建成，宗教活动逐渐盛行，也间接传播了茶道。京杭大运河开通之后，杭州因为物产丰富、水陆交通便利、风景秀美，成为繁荣富庶的"人间天堂"。龙井茶，也随着杭州的发展传遍全国，广受追捧。清朝乾隆皇帝六下江南，四上龙井，亲封了"十八棵御树"。至此，龙井茶成为茶中至尊。时至今日，龙井茶仍是中国名茶之首。

龙井虾仁里用的是明前龙井，即清明节之前采摘的茶叶，是龙井中的最佳品。虾仁选用江南水乡的青虾，鲜活的河虾比海虾的味道更加清甜鲜嫩，肉质弹性好，基本没有腥味。挤虾仁也很讲究，需要一手捏住虾头，一手捏住虾尾，将虾肉向背颈部一挤，一个完整的虾仁就脱壳而出了。这道工序极其考验手法，稍不小心就会将虾仁弄碎，就算是熟手，一斤活虾最多也只能获得三两至三两半左右的完整虾仁。油热将虾仁入锅，迅速划散后捞出虾仁沥油，再与茶叶和茶水同炒。虾仁玉白鲜嫩，微透着粉色，茶叶碧绿清香。虾中有茶香，茶中有虾鲜，清口开胃，老少皆宜。

西湖醋鱼

2018 年，西湖醋鱼被中国烹饪协会评为"中国菜"浙江十大经典名菜。

西湖醋鱼源自清代名菜"醋搂鱼"。清代著名美食家袁枚曾经记录过在杭州西湖五柳居专门吃"醋搂鱼"的经历。

以醋烹鱼的做法，从清代开始一直流传到现在。五柳居和楼外楼也因为擅长烹制这道菜而远近闻名。因为这两家酒楼都以醋鱼闻名，又都在杭州西湖，所以这道菜渐渐被人们称为"西湖醋鱼"。

1956 年，在 36 道杭帮菜的评选中，西湖醋鱼高居榜首，成为杭帮菜的代表。在做法和吃法上，这道菜也比以前有了改进。根据袁枚的记载，清代的醋鱼，是先把鱼下

油煎炸，然后再加醋酱，算是"焦熘"。而现在的做法，一般是先灼后煮，即先用热汤将草鱼烫一遍，后加入酱油、姜末、绍酒、白糖、米醋等调料煮沸，成熟后捞出装盘，煮鱼原汁加淀粉勾芡后浇遍鱼身。在吃法上，民国时期是"一鱼三吃"，一半醋鱼，一半生鱼片，剩下的鱼骨拿来熬汤。到今天，人们吃西湖醋鱼时已经不吃生鱼片了。

正宗西湖醋鱼，一定是选用西湖草鱼，因为草鱼肉质细嫩。下锅前需要将草鱼饿养一至两天，这样才能去除草鱼泥腥味。现在也有很多地方以鲈鱼来替代，因为鲈鱼肉质也很鲜美，并且取材快捷方便。

100多年过去了，杭州楼外楼的西湖醋鱼仍然是最受欢迎的杭州美食之一。它用精致的味道，诠释着杭帮菜的美妙。

东坡肉

比宋朝大文豪苏东坡的诗词流传更广的，恐怕是他创制的东坡肉了吧。东坡肉与宫保鸡丁一样，被中国几大菜系竞相列为自家代表菜。苏菜、浙菜、川菜、鄂菜中都有东坡肉，做法虽然不尽相同，但是成品都是一样红得透亮，如琥珀、似玛瑙，软而不烂，肥而不腻。

宋朝时，猪肉并不是餐桌上最常见的肉类，人们也不太熟悉如何处理这种食材。当时，从达官贵人到平民百姓，都更偏爱羊肉。在宋代都城的美食街，能找到关于羊的各种部位的各种吃法。

直到苏东坡做出了红烧肉，那种软糯鲜香，吃过一次就再也难忘，人们终于解锁了猪肉正确的打开方式。

中国历史上的文人，如果要选谁最有趣，苏东坡一定能排名前三。他是宋代公认的大才子，擅丹青、工书法、精诗文，还是位政治家、思想家。他既不愤世嫉俗，也不同流合污。政治生涯里几次被贬到穷苦的地方，他却没有别人预想中的失意绝望。每次被贬到一个新的地方，他总能开发出新的美食。42岁被贬到湖北黄州后，他研制出了"红烧肉"，秘诀是"慢著火，少著水，火候足时它自美"。后来，他到杭州做太守，组织百姓疏浚西湖，筑堤建桥，当地百姓都很感激他。听说他平时最喜红烧肉，不少人上门送猪肉。苏东坡便让家人将收到的肉切成方块，用他的烹调方法煨制成红烧肉，分送给参加疏浚西湖的民工。于是，人们便以他的名字将此菜命名为"东坡肉"。这道菜渐渐流传开来，最终名扬天下。像苏东坡这样，能把失意人生过成诗意人生这才是大智慧。

南京盐水鸭

"六朝风味，白门佳品"，说的就是南京盐水鸭。南京盐水鸭迄今已有2000多年的历史。在"鸭都"南京，盐水鸭在众多种鸭子吃法中成为当之无愧的头牌。

南京人喜欢吃鸭子，这与南京的地理位置有很重要的关系。南京地处长江中下游，湖泊、水道众多，水网密布。早在春秋战国时期，吴国就已经在南京"筑地养鸭"，迄今已逾2500年。

关于吃鸭子，民间有句戏言：没有一只鸭子能活着游出南京。烤鸭、板鸭、盐水鸭……南京人发明了鸭子的很多种吃法。从战国时汁水烹制的单一吃法，到南北朝文化融合碰撞后，制鸭技法日渐多样，再到唐代盛行的炙烤，及至宋代，南京人已有几百种方法吃鸭子。

直到今天，南京人依然热衷于鸭子的每一种打开方式：盐水鸭头、金陵烤鸭、招牌盐水鸭、天王烤鸭包、鸭血粉丝汤、鸭油酥芝麻烧饼、卤鸭下巴、卤鸭翅……甚至连鸭肠、鸭胗、鸭掌，都能做成各种美味。可以这么说，在南京就算你每顿饭都吃鸭子，连吃一个月，也能顿顿不重样。南京人孜孜不倦地开发鸭子的各种吃法，真的让南京无愧"鸭都"的称号。

盐水鸭也被称为"桂花鸭"，一年四季都可以制作，但是最好吃的季节是在中秋前后，那时桂花盛开，桂花作为调料会让盐水鸭有更独特的风味。桂花配制的盐水鸭有三绝：皮白肉嫩、肥而不腻、鲜美可口。

盐水鸭的制作手法十分讲究，分热盐擦、清卤复、烘得干、焐得足四道程序。只有严格完整地按照四道程序完成，才能算是真正的盐水鸭。盐水鸭经过吊胚、风干，又成了南京的另一道特产"南京板鸭"。

　　没吃完的盐水鸭，还可以用来熬汤，夏天加冬瓜，冬天加萝卜，春秋两季加口蘑、平菇，汤汁乳白鲜香，用来下面条尤其美味。

　　南京盐水鸭，就是鸭子在南京占尽天时地利人和的最好证明。

松鼠鳜鱼

2018年，松鼠鳜鱼被中国烹饪协会评为"中国菜"江苏十大经典名菜。据说，清朝乾隆皇帝十分喜爱这道外脆里嫩、酸甜可口的菜。

很多中华美食的名字都极具迷惑性。比如，夫妻肺片里没有"肺"；鱼香肉丝里没有"鱼"；"包脚布"其实是上海最受欢迎的早点之一；"棺材板"是内里掏空的吐司，装入了各种馅料再烹制，台湾人经常排着队等着吃。还有一些美食，是因为形似而得名。比如狮子头，不用担心会吃到狮子，这道菜其实是大号猪肉丸子。

松鼠鳜鱼也是一样，因为成品神似一只趴在地上的松鼠，淋上酱汁的时候还会"吱吱"作响，故而得名"松鼠鳜鱼"。

松鼠鳜鱼最早用的并不是鳜鱼，而是鲤鱼，做好的菜叫"松鼠鱼"。后来逐渐演变成使用鳜鱼，南方也称其为桂鱼，取的是蟾宫折桂、科举高中的意思。中国人总是很擅长把内心对美好未来的向往，融入生活的各种细节中，既是祝愿，也是一种积极的心理暗示。

松鼠鳜鱼这道菜，是淮扬菜中一道经典名菜，也是中国厨师的刀工菜。刀工好坏，决定着这道菜的成败。

处理鳜鱼的时候，要用快刀贴着鱼骨向鱼尾划去，划到鱼骨的时候不能划断，两面用同样手法处理好，再把中骨斩掉。想要炸出松鼠的形状，还要去掉鱼翅，然后在鱼肉上先直剔，再斜剔，每一刀间距要相同，还不能切断鱼皮。这样处理好的鱼肉就会呈菱形，都挂在鱼皮上。处理后的鳜鱼需泡好去腥，吸干水分，再均匀地裹上生粉和吉士粉，然后就进入最重要的一步：下油锅。

松鼠鳜鱼的油烹方法对油温的控制非常讲究，不能太

热，太热会让外层焦煳，里面还没熟；也不能太凉，如果油温不够热，就没办法锁住鱼肉的水分，鱼肉就会散掉。炸好后装盘，淋汁上桌。看到成品、闻到香味时，食客就会知道，所有的等待都值得。

大闸蟹

在中国，螃蟹是一种古老的食材。金秋季节，赏菊食蟹，对于中国人来说，是一件十分风雅的事情。

明朝时，已经出现专门拆解螃蟹的"蟹八件"。考究的蟹八件是用纯银打造的。银制品既能保证硬度，又不会污染食品，还能试毒，是最理想的材质。八个小配件，足以把一只螃蟹拆得干干净净，让食客吃得酣畅淋漓。

在很多螃蟹爱好者眼里，螃蟹是分等级的，最底端的是海蟹，然后是溪蟹、河蟹，排在最顶端的是湖蟹，而湖

蟹的蟹中之王，当属江苏阳澄湖大闸蟹。

　　影响大闸蟹品质的，首先是水，好水出好蟹，这是先决条件。其次是饵料，大闸蟹虽然是杂食性动物，但是那些用饲料、土豆等低价口粮养出来的蟹与以小鱼、螺蛳等为主养出来的蟹，品质上相去甚远。好蟹要满足青背、白肚、金爪、黄毛四个标准。青背，是长江蟹标准特征；水质好，养殖环境好，就会出现金爪白肚；如果养殖周期够长，蟹鳌上就会出现黄毛。

　　大闸蟹蟹肉饱满，蟹黄似金，蟹膏如玉，只需清蒸，就能把色香味都发挥到极致。其鲜香嫩滑，清甜柔润，回味悠长，令人久久难忘。

上海生煎

　　地道的老上海人，喜欢去老店铺里寻找传统的味道。生煎的半发面技艺已经被列为上海非物质文化遗产，代表店面是三两春和东泰祥。虽然它们看上去都只是街边店，却是地地道道的上海生煎老招牌。

　　如果在上海看到"生煎馒头"，千万不要以为是切成一片一片、裹了蛋液、煎成两面香酥的馒头片。在上海，包子也叫馒头，只要说"生煎"，不会有任何歧义，说的就是生煎包。

　　上海人吃生煎的历史已有上百年。老字号"大壶（kǔn）春"坚守着全发面生煎，因为总被人念错，索性将错就错，改成了"大壶春"。后起之秀小杨生煎，因为省略了大部分的发酵流程，实现了标准化作业，效率上更胜

一筹，于是发展迅猛，店铺遍地开花。

生煎以面皮工艺来区分，可以分为全发面、半发面、不发面。全发面的工艺，因为有两次醒发过程，耗时较长，且品控要求较高，所以对生煎师傅的要求也比较高。全发面生煎因为面皮较厚，煎制的时候不用担心粘底露馅，所以通常褶子朝上。但是为了区分，全发面的虾仁生煎也会褶子朝下。

肉馅绝对是各家的商业机密，选用的猪肉部位、肥瘦比例，调制用哪几种酱油，任何一个环节，都会导致最终口感千差万别。

刚出锅的生煎，一个个圆圆滚滚，底部金黄，上面撒着芝麻、香葱。咬一口，皮酥，汁浓，肉香。难怪食客们宁可大清早赶来排队，也要买上几只美味生煎。

腌笃鲜

对于江南人来说，春天的标志，就是一碗热腾腾的腌笃鲜。江南雨水充沛，四季果蔬不断，一直就有"不时不食"的讲究，说的就是，不是时令的蔬菜不吃。在所有时令菜里，与春天最搭的，就是春笋。

鲜笋虽然春夏冬都能买到，但是冬笋因为难得，故而价格稍贵，夏笋口感又比不上春笋鲜嫩，所以春天就成了吃腌笃鲜最好的季节。

南方人吃腌笃鲜，有点像北京人吃炸酱面。这道家常菜千家千味，几乎每家都有自己的独门秘方。共同的诀窍是小火慢煮，这就是"笃"的意思。锅里的食材咕嘟咕嘟冒得冒泡，也应和了这道菜名。

腌，是指腌肉。一般会用腌过的咸肉，也有人用火腿。鲜，就是鲜笋和鲜肉。冬天里馋了，可以去买高价的冬笋，但是大部分家庭还是会选择价格亲民、口味也相差无几的春笋。鲜肉的选择更是多，鲜猪肉、鲜排骨、蹄髈，甚至还有用鸡肉的。不管肉用哪种，一定是配鲜笋。

真正的吃家，腌笃鲜里只有笋、腌肉、鲜肉这三样，为的就是肉与笋的味道相得益彰。添加了莴笋，就会毁掉笋的鲜甜；还有喜欢加百叶的，可惜百叶不适合久煮，久煮会有馊味；葱姜蒜类的更是一律不能添加，它们会冲了笋的鲜味。做腌笃鲜讲究耐心，一定要小火慢煮，加一点点花雕酒去肉腥。剩下的，就只需要交给时间了。

笋的营养价值非常高，自古就是菜中珍品。连唐太宗李世民都对春笋朝思暮想，每年春笋上市，定会召集群臣共赴笋宴。春天的江南，腌笃鲜绝对值得一尝。

04

西南秘境

过桥米线

　　2015年，云南蒙自过桥米线入选国家级非物质文化遗产。去过蒙自便会知道，原来过桥米线不是一碗，而是一整套。

　　中国南方盛产水稻，所以南方人的主食都是大米。米饭吃多了，人们便想方设法把米做成各类美食，如广东早茶里各种美味的粥、肠粉、河粉。到了云南，人们就把大米做成了米线。

　　过桥米线是云南米线的一种，但不是唯一。云南米线还有鳝鱼米线、大锅米线、小锅米线、豆花米线、砂锅米线、凉米线等，然而最出名的，还是蒙自的过桥米线。

　　苏式面条里对"过桥"的定义，是浇头另盛。在江浙方言里，"桥"和"浇"发音相似。然而2500公里外的江浙美食，又是怎么传入云南蒙自的呢？

　　云南自古以来就是少数民族聚居地，自从元代开始持

续军屯移民。江南一带，上自富豪下至平民都有搬到云南生活的。《明实录》一书中记载，云南的军屯人数将近70万人，已经远远超过了云南本地人口数量。

军屯移民不仅带来了文化的融合，也带来了饮食习惯的改变。过桥米线的灵魂全在汤里，这一点，像极了苏州面馆各家的独门高汤。正宗的过桥米线上桌，一定是一碗高汤、一盘米线，另有一个大托盘，里面是各种配菜小盏，叫作"浇头"。

中国民间有句话叫："闻到米线香，神仙也想尝。"过桥米线的香味，全都来自高汤。上等筒骨和上等鸡骨熬制的汤底，醇香浓厚，回味无穷，端上桌的时候还沸腾着。这时候一定要趁热先把生肉片、鹌鹑蛋这些浇头烫熟，然后再放其他菜类。确保这些都熟了，最后再放米线，一碗香喷喷的云南过桥米线就可以开吃了。

花溪牛肉粉

　　花溪牛肉粉对于花溪当地人来说，可以是早餐、午餐、晚餐，也可以是夜宵。任何时候，一碗香气诱人、鲜味浓郁的牛肉原汤，加上爽滑的米粉、醇香的牛肉，都能让人吃得心满意足。

　　花溪，隶属贵州省贵阳市，以山地和丘陵为主，属于云贵高原气候，全年湿润多雨，冬暖夏凉，动植物种类极其丰富，也是贵阳市重要的水源保护区。贵州大山里的黄牛都是放养，肉质鲜美，连潮汕牛肉火锅里的牛肉也是选用贵州放养黄牛长途运过去的。花溪牛肉粉里最重要的食材，就来自生长在这片土地上的黄牛。

　　花溪有西南最大的牛市场：花溪云上大牲畜交易市场。餐桌上的花溪牛肉粉，只是整个产业链最下游的终端产品。而花溪能以"牛肉粉"著称，就像南京人能把鸭子做成品牌一样，既有养殖上的先天优势，又有文化上的后天影响。

　　花溪牛肉粉，以多髓牛骨与多种名贵中草药精心熬制的高汤打底，配上当地放养黄牛肉和精致米粉，牛肉别有清香，米粉新鲜爽口。再点缀以新鲜香菜，佐以开胃的泡酸菜，如果能吃辣，再加上贵州特有的香炒辣椒面，汤鲜味美，味道浓郁，难怪花溪人会从早吃到晚！

汽锅鸡

1972年美国总统尼克松访华期间，周恩来总理亲自点了一道汽锅鸡作为国宴菜。汽锅开盖，香气四溢，汤汁鲜美浓郁，尼克松赞不绝口。

在所有烹饪锅具里，汽锅是非常特别的。汽锅是中空的，不能见明火，必须搭配别的锅一起用。汽锅的工作原理是利用中空装置，让蒸汽进入汽锅，沿着锅壁覆盖到食物上面。蒸汽越来越多，渐渐液化成汤汁。这就是为什么汽锅鸡不用加水，却总能有一锅汤。

正宗的汽锅，一定是产自云南建水，建水紫陶是中国四大名陶之一。汽锅是紫陶产品里的一个重要种类，耐酸碱、透气好，无铅无毒且保温持久。经石料打磨后的汽锅，色如紫铜，光洁如镜，永不褪色。汽锅能流传到今天，也得益于傣族制陶技艺的传承。自从汽锅鸡成为国宴佳肴，汽锅也经常被作为礼物送给外宾。

自家做汽锅鸡，一般就是把一个汽锅放在一个深桶锅上，然后便只需要静静地等待锅里的美食酝酿出鲜美的汤汁。如果有机会参观一些云南菜饭店的后厨，就能看到一排整整齐齐的汽锅，一个连一个，锅与锅之间的连接部位还用纱布封好，避免蒸汽流失。就这样一边蒸一边煮，活跃的蒸汽使得鲜味在每一层的汤与食材之间循环，汤与食材两者的味道被最大限度地激发出来，满室飘香。

加入云南本地特产菌类，尤其是松茸，会使得汽锅鸡的味道更加鲜美，瞬间就能理解有人说的"想把整个锅都吃进去"的心情。

酥油茶

在经济和交通极度不发达的很长一段时间里，酥油茶加糌粑，是藏族群众最主要的食物。斟上香浓的酥油茶敬客，也是他们的一项重要的待客礼仪。

青藏高原是中国最大的高原，也是世界海拔最高的高原，被称为"世界屋脊"，平均海拔4000米以上。这里光照丰富、地热充足，有着大片的草地，是中国最重要的牧区之一。

在这片纯天然牧场里，有着藏族群众最重要的生活物资——牦牛。它们能在空气稀薄、天气寒冷、牧草生长期短的高原上悠闲地生活。

每天清晨，小牦牛们吃饱喝足之后，就到了牧民们收集牦牛奶的时间。一只母牦牛在整个产奶季能为牧民提供400千克的鲜奶，牧民们就用这些牦牛奶制作酥油。在电动搅拌器发明之前，制作酥油需要先把奶静置一晚，然后加热搅拌。逐渐凝固的酥油还需要用清水不断清洗，洗净残留的奶，才能保证酥油不会腐坏。

藏族群众的待客之道，就是奉上一碗现场制作的酥油茶。滚热的水里放入一块削好的砖茶，加盖烧开，再倒入盛有酥油和食盐的特制的桶中，反复捣拌，使酥油与茶汁融为一体，这就是最传统的手工制法。

喝酥油茶也有讲究，客人端起碗来，要用无名指沾少许茶，向空中弹三次，以示敬奉神明，然后再轻呷一口。准备告辞的时候，碗中的茶不能喝干，要留点茶底。

浓浓的奶香混合着砖茶的味道，温暖着藏族群众的每一天。

05

湘楚炊烟

长沙臭豆腐

中国的臭豆腐分两大派系，即发酵的臭豆腐和卤水泡制的臭豆腐。长沙臭豆腐属于后者。豆类所含的蛋白质在微生物的作用下，水解成更容易被消化的多肽和氨基酸，使得臭豆腐别具风味。

关于豆腐，中国民间有个很有意思的说法：做豆腐最保险，做硬了是豆腐干，做稀了是豆腐脑，做薄了是豆腐皮，做砸了是豆浆，卖不动了就放着，放臭了就是臭豆腐，反正肯定是不愁销路。由此可见，各类豆制品都一直深受中国人的欢迎。大豆制成的豆腐、豆腐干、豆腐脑、豆腐皮、豆浆以及臭豆腐，都是中国人餐桌上独特的美味。

臭豆腐，作为中国传统特色小吃，跨越了地域，战胜了偏见，成为南北人民都欲罢不能的美食。如果你身边有一个爱吃臭豆腐的朋友，他一定会拿出极大热情动员你品尝一下这道传奇美食。更神奇的是，大多数情况下，尝试了臭豆腐的人就像解锁了被封印的味蕾，会爱上那种难以描述的、极富层次感的味道一层层荡漾开来的感觉。最初远远闻到的臭味，一入口就被分解成无数浓香，焦脆而不煳，细嫩而不腻。油炸的黑色表皮酥脆，内里却洁白鲜嫩，极大的反差带来的味觉冲击，绝对是一种全新的体验。

武汉热干面

清晨的武汉，街上各式各样的早点铺前围满了食客。而很多武汉人的一天，就是从清早的一碗热干面开始的。

中国有两个地方，人们习惯在外面吃早餐，一个是广东，另一个就是武汉。武汉人将吃早餐称为"过早"，九成以上的武汉人每天早上都会选择在外面"过早"。著名美食作家蔡澜称武汉为"早餐之都"。

日复一日的"过早"，催生了无数早点单品。据说在武汉，人们能一个月吃早餐不重样。可是无论早餐有多少种选择，最受欢迎的依然是热干面。

一碗好的热干面，讲究"制作精细、条细浆韧、色泽黄亮、调料齐全"。面，一定要足够筋道弹牙；酱，一定是正宗的白芝麻酱。配上香油、调料和小菜，三下两下拌好，心无旁骛地开吃。一碗面下肚，令人心满意足，又是元气满满的一天。

剁椒鱼头

　　著名湘菜馆"毛家饭店"里，有一道菜叫作"祖国江山一片红"。这是因为盘面上满满地铺着一层红辣椒，连汤汁都是红色的。这道菜就是湘菜十大经典名菜之一——剁椒鱼头，也被称作"红运当头""开门红"。2018年，剁椒鱼头被中国烹饪协会评为"中国菜"湖南十大经典名菜。

　　湘菜是中国历史悠久的八大菜系之一，早在2000多年前的汉代就已经形成了菜系。但是在辣椒进入中国之前，湘菜还是以鲜、香为主。明朝末年，辣椒从南美洲漂洋过海移植到中国。湖南气候温和湿润、雨量充沛，非常适合辣椒生长，而且辣椒能够驱寒祛湿，因此渐渐地成为湘楚大地上的头牌调料。

　　剁椒鱼头所用的剁椒，是用辣椒制成的。将辣椒切碎，加入蒜末、食盐，再倒入白酒腌制一个月，取出后就是非常美味的调味料。

　　剁椒鱼头这道菜，可以追溯到清代末年。文人黄宗宪借宿农家，纯朴的乡民将辣椒剁碎后与鱼头同蒸。黄宗宪吃了以后觉得非常鲜美，回到家后又改良了一下，就有了今天的"剁椒鱼头"。

　　鱼头多选胖头鱼，即鳙鱼。胖头鱼的鱼头大而肥美，肉质雪白细嫩，还是很好的食疗食材。洗净的鱼头从中间剁开，淋上一点油和料酒，撒点姜丝，然后铺上满满一层腌制好的剁椒，大火蒸10分钟，出锅再撒点小葱花，便大功告成。剁椒的汁水深入鱼头每一处，一道鲜辣香嫩的剁椒鱼头就等着你下筷子了！

武昌鱼

武昌鱼肉嫩鲜美，高蛋白低脂肪，鱼身可食用部分达70%以上，富含多种人体所需的维生素和矿物质，清蒸味道尤其鲜美，是中国主要的淡水经济鱼类之一。

武昌鱼的原产地并不是如今湖北省武汉市的武昌区，而是武昌西南方向约80公里的鄂州市。三国时期，吴国的孙权巡游到湖北鄂城，将此地改名为"武昌"。

"武昌"的意思，就是凭借武力昌盛。因为孙权所处的年代，想在乱世中生存，必须倚仗武力。孙权在此靠山建都，发展军事，壮大实力。他还将当地一种滋味鲜美的鳊鱼改名为"武昌鱼"，以之赏赐功臣。

武昌鱼又叫团头鲂、樊口鳊鱼，是原产于长江的淡水鱼。这种鱼喜欢在洄流中生活，鱼鳞为白色，鱼肉细糯鲜嫩，不管是清蒸、红烧还是香煎，都能做出很好的味道。无论哪种做法，武昌鱼最好吃的部位，都毫无争议的是鱼肚。

从三国孙权时代一直到今天，1700多年来，无数文人墨客不吝溢美之词赞颂武昌鱼的美味。在"千湖之省"的湖北，在无数肥美的淡水鱼中，武昌鱼仍然拔得头筹。它的美味，还会被人们继续传颂下去。

06

东南传奇

江西瓦罐汤

　　川菜的辣，麻辣鲜香，就像风情万种的美人；湘菜的辣，浓烈纯粹，就像情窦初开的少年；而赣菜的辣，那是真正地深入骨髓，低调又有实力，就像退隐江湖的世外高人。只有真正去过江西，才能体会什么叫"江西炒菜的锅都是辣的"。

　　在江西南昌，大部分人的早晨都是从一碗"变态辣"的米粉和一钵热腾腾的瓦罐汤开始的。从早辣到晚的例行日常里，瓦罐汤是最好的平衡和调节。一碗拌粉，一钵瓦罐汤便是地道的南昌早点。

广东人以擅长煲汤闻名全国，相比之下，南昌人煨汤绝对是毫不逊色。煲汤，是明火加热，小火慢滚；而煨汤，是不见明火的。煨汤用的大瓦缸都是定制的，一般高 1.2 米，最宽处的直径 1.1 米，缸口直径 0.4 米。大瓦缸内部是封闭结构，用铁架隔成三层，每一层都整整齐齐地码放着小瓦罐。底部是炭火。在封闭的大瓦缸内，炭火的热量传递给每一只小瓦罐，罐内的食物，就这样安安静静地，一直处在沸点之下。食材自身的鲜味和营养在缓缓上升的温度里得以充分溶解，汤汁也变得越来越醇香。煨，这种极为古老的烹饪方法，在江西以瓦罐汤的形式得以流传至今。

煨汤用的瓦罐，必得是土质陶器做成，这样才有极佳的保温性和透气性，才能保证受热均匀。煨的过程中，还要定时调整瓦罐的位置，以保证每一只瓦罐的受热都相差不多。大瓦缸里的炭火也需要控制火候，要保证瓦罐汤始终处于沸点之下。煨汤用的水必得是清水，这样才能保留食材原本的味道。

一个小小的瓦罐，装着各式食材，经过 6～8 小时的煨蒸，食材软烂，汤汁醇厚，在无处不在的辣味之外，熨帖了南昌人的胃。

臭鳜鱼

从唐代起，诗人们就开始盛赞鳜鱼的美味，传颂千年最著名的一句是：桃花流水鳜鱼肥。

中国人对发酵食品，向来都充满了想象力。从酒酿到鱼露，从豆瓣酱到臭豆腐，连普洱茶的熟茶也是采用了发酵工艺。肉类的发酵食品比较少，但是名气都不小，如金华火腿、宣威火腿、哈尔滨红肠等，还有一种很特别的发酵肉类美食：臭鳜鱼。

关于鳜鱼，有一个传说：如果有一条雄鳜鱼被钓上来，就会有很多条雌鳜鱼咬住它的尾巴舍身相救，所以只要钓上一条，就能牵起很多条。其实，这个传说说明了另一个问题：鳜鱼比较容易捕捞。一百多年前，在安徽，每到入冬时节，鱼贩们都会把捕捞到的长江鳜鱼装在木桶里出售。

那时候没有冷链物流，肉类保鲜是个很大的难题，于是鱼贩们就在鱼身上撒上一层厚厚的盐。经过七八天的长途运输后，鱼鳃仍然像新捕捞时一样红艳，鱼鳞也都牢固不变色，整条鱼看上去非常新鲜，只是稍微有点似臭非臭的味道。

如此腌制后的鱼洗净下锅微煎，两面金黄后捞出沥油放置一边，锅内下肉片、笋片、葱姜末略煸，然后再放鱼，加料酒、老抽，以及适量的糖和盐，再加水。大火煮开，小火慢炖，最后收汁装盘。这是红烧臭鳜鱼的做法，此外还有干锅、干烧、干煎、油淋、酱香等做法。

上桌的臭鳜鱼，会散发出一种特别的香味，鱼肉像蒜瓣又像百合，肉块紧实鲜嫩，很有弹性。这道菜，也成为很多安徽人记忆里最鲜活的家乡味道。

佛跳墙

1999年，美国微软公司创始人比尔·盖茨从香港专程去了一趟深圳，虽然只停留了短短6小时，他却抽出宝贵的时间专门品尝了一道中华美食：佛跳墙。要知道，这道菜可是多次作为国宴的主菜，招待外国政要名人。

在中国，不管是民间宴席还是国宴，如果要选一道最奢华的菜，一定是佛跳墙。

佛跳墙的奢华之处，首先是选材。正宗的佛跳墙，用的是18种主料、12种辅料，每一种食材都是精选的山珍海味。单看用料，就能明白这道菜究竟有多珍贵。18种主料包括海参、鲍鱼、鱼翅、干贝、鱼唇、花胶、蛏子、火腿、猪肚、羊肘、蹄尖、蹄筋、鸡脯、鸭脯、鸡肫、鸭肫、冬菇、冬笋。

鲍鱼要选用九头鲍。九头鲍，说的是1斤有9只的鲍鱼。以此类推，三头鲍就是1斤有3只，双头鲍就是1斤只有2只。鲍鱼个头越大越珍贵，九头鲍已经算是比较难得了。而且要选用干鲍鱼，因为溏心干鲍的口感好。海参要选用两边六排刺、两头尖尖的六棱刺参，产自辽宁，也叫辽参，是传统"海八珍"之首。花胶，就是鱼肚，是鱼鳔的干制品，因为富含胶质所以叫花胶。制作佛跳墙，花胶一定是选用母鳕鱼的花胶，火腿一定是金华火腿，冬菇一定是肉头厚的金钱菇，蛏子选用竹节蛏。除了这几样，其他选材也是各有来历。

选材珍贵，烹制也格外讲究。每一种食材都需要先用煎炒烹炸等不同方法单独处理，然后一层一层码放在专门的容器里。装食材的容器，必是选用绍兴老酒的酒坛。码放好食材，再倒入高汤和绍兴老酒。

高汤是特制的，需要用老母鸡、黄嘴鸭、鸽子、排

　　骨、瑶柱等几十种原料，配合调料，慢慢煨好，再跟老酒一起倒入坛中。封口也有说法，需要用泡过的干荷叶密封坛口，不能用鲜荷叶，因为鲜荷叶有苦味，而且容易破开。干荷叶还要用绳子扎一圈口，再盖上坛盖，煨制过程中就不会跑味，而且荷叶的清香还会渗入汤中。

　　煨制过程不能用急火，必须严格使用纯无烟的炭火，慢慢煨制。这样一坛美味，古时候一般都需要做10天。有诗云："坛启荤香飘四邻，佛闻弃禅跳墙来。"所以，这道菜被叫做佛跳墙。想吃到正宗佛跳墙，可以去发源地——福州老字号聚春园。那里的佛跳墙制作技艺传到现在，已经是第八代传人了。

蚵仔煎

　　蚵仔煎是福建沿海、广东潮汕地区和台湾等地经典传统小吃之一。2018年，蚵仔煎被中国烹饪协会评为"中国菜"福建十大经典名菜。

　　广东人称牡蛎为"蚝"，而在闽南及台湾一带，则称之为"蚵仔"。关于蚵仔煎的来历，有两种说法。

　　一种传说是，五代后梁时期，福建地区有位闽王叫王审知，他减轻徭役赋税，兴建水利，重视教育，还邀请了很多中原名士一起来建设福建，使福建成为繁荣稳定的"文儒之乡"。王审知是中原人，吃不惯海鲜，他家里有位郑姓家厨，就想了很多办法，把海鲜做成接近中原口味的美食，于是就有了牡蛎、鸡蛋、地瓜粉一起做出来的新菜肴。

　　另一种传说是，1624年荷兰军队侵占台湾后，1661年郑成功率军横渡台湾海峡，誓要收复失地。谁知遇到多日阴雨天气，军中粮食一时接应不上。郑成功决定就地取材，让士兵挑回好多筐海蛎。但是厨师却犯了难，因为军中只有地瓜粉了。郑成功说，那就用海蛎和地瓜粉一起煎吧。厨师回到厨房，看到还有一些剩的葱和胡萝卜，索性都洗净切碎，和海蛎一起，放进地瓜粉里，加水拌匀，热锅铺开煎熟。这意外获得的美味，令全军上下士气大振，于是这道美食流传了下来。

蚵仔煎，在闽南语的读音里念 é－ā－jiān，也叫海蛎煎、蚝仔烙，说的都是同一道菜，但是做法又略有区别。蚵仔煎加了韭菜，口感较软糯，酱汁多选用甜辣酱；蚝仔烙更酥脆，蘸的是鱼露，属于潮汕吃法。

新鲜的海蛎，加入蚝油腌制15分钟，再放入调匀的红薯淀粉水中，搅拌成糊状，接着放入锅中煎至七分熟。如何保证面糊摊匀，且煎至两面金黄，这就考验一位厨师的功底了。面糊开始凝固的时候，要放入胡萝卜丝，倒入打好的蛋液，待蛋液凝固得适合，再撒入葱花和香菜碎。青翠的绿色嵌入一片金黄之中，煞是好看。至于淋上番茄酱还是金兰油膏，全凭个人喜好。

蚵仔煎虽然到处都吃得到，但很多人还是保持着要吃蚵仔就要去蚵仔产地的习惯。新鲜的蚵仔在当地现剥现卖，不必因为长途运送而浸水，做出来的蚵仔煎自然也就格外鲜美。

07

精致粤菜

广东早茶

　　广东的茶餐厅，与一般的茶馆不同，虽然叫"饮早茶"，可主要不是为了喝茶，而是吃各式各样的早点。广东早茶的妙处在于，各式点心品种繁多，再挑食的人也能找到中意的美食。目不暇接的各类茶点精致又可口，如果一天吃一样，两个月也不会重样。

　　1757年，清朝乾隆皇帝推行"一口通商"政策，广州成为全国唯一的通商口岸，也成了当时全国最大的物流中心。经济空前繁荣，美食也日益丰富。

　　早茶，最早是服务那些起早摸黑的体力劳动者，一盅茶只需要一厘钱，所以茶寮也叫"一厘馆"。再到后来，一盅粗茶配两件粗制点心，只需要二厘钱，称为"一盅两件"，一般是一壶铁嘴茶配上瓦茶盅，两件多是芋头糕、萝卜糕。

　　200多年来，从简易的茶寮到精装的茶楼，茶点日趋丰盛，饮茶文化也渐渐流传开来。人们饮茶的时间，从早

茶到午茶到晚茶，从早上的老年人主场，到晚上的年轻人主场，唯一不变的，是惬意和闲适。

经营早茶的茶楼，一般7点就开始营业了。非周末的时间，大多是退休老人们赶早市买了菜，然后溜达到茶楼，会会茶友。一杯清茶，几款茶点，闲聊或独坐看报，一上午就这样悠闲地度过了。到了周末，茶楼又变成了家庭聚会的场所，忙碌了一周的人们扶老携幼，聚在茶楼，看似寻常的一顿早餐，却处处透着关怀和温暖。

从甜味的港式蛋挞、榴梿酥、红豆酥等各式甜点，到咸味的虾饺、凤爪、豉汁排骨、糯米鸡等蒸味，再到鱼片粥、牛肉粥、皮蛋瘦肉粥等各式米粥，还有肠粉、云吞、牛腩面……焗、灼、蒸、煎、煮、烘烤，每一种做法之下，都是几种甚至几十种美食。

广东人把"饮早茶"又叫"叹茶"。叹，在广东话里就是享受的意思。在这个节奏又快压力又大的时代，在早茶时光里慢下来消遣，也是广东人的一种生活智慧。

梅菜扣肉

　　梅菜是岭南特产，曾经进贡宫廷而被称为"惠州贡菜"。惠州，也因此被誉为"中国梅菜之乡"。

　　广东惠州自古是客家人、潮汕人、广府人融合的地方，被称为"客家侨都"。客家属于汉族，是汉族八大民系中唯一一个不以地域命名的民系，也是世界上分布范围广阔、影响深远的民系之一。

　　客家先民共经历了6次大规模南迁。南迁的结果之一

就是南北饮食和文化的融合，由此形成的饮食文化中，就有著名的客家三件宝：梅菜扣肉、盐焗鸡、酿豆腐。南迁之路，道阻且长，客家先民就想方设法地储藏好食物。最适合的方法，就是腌制。客家的梅菜便是腌菜里的杰作。

梅菜的种植，需要等到秋收过后。粮食收割完了，空出的田地就可以种上冬芥菜。过完春节，就到了制作梅菜的时候。满地绿油油的芥菜，开始了"三蒸三晒"之旅。

三蒸三晒，先要暴晒芥菜到将近脱水，然后用烫滚水脱青，放入缸中发酵一晚，再拿出来晾晒四五天。等快要干透的时候，上笼蒸一小时。整个步骤重复三次，正宗的梅菜就做好了。这时的芥菜已经没有了微苦的味道，植物本身的糖分转为蜜香，再一次印证了发酵的神奇。做好的梅菜与肉最搭，而且最好是五花肉。五花肉先煮熟，后腌制，再下锅煎炸。等到猪皮发脆，再取出切片，码放在碗里，铺上炒好的梅菜丁，一起上锅蒸。蒸好之后，往盘子里一扣，撒上葱花，香气四溢。完成扣盘的动作后，梅菜扣肉才真的是实至名归了。

扣肉软糯香烂、肥而不腻，透着梅菜的甘香；梅菜吸附了五花肉的油脂，变得润泽无比，像一个个小肉丁。一年四季，客家人的厨房里都会备着梅菜，为的就是能随时品尝梅菜扣肉这一口家乡的味道。

盐焗鸡

2014年，中国食品工业协会授予广东省梅州市梅县"中国盐焗鸡之乡"称号，这是全国唯一获得此称号的县。

客家人在长途迁徙的过程中，除了梅菜，还有另一个重要的美食发明：盐焗鸡。迁徙之路劳苦奔波，不可能像在深宅大院的宽敞后厨那样，油盐酱醋样样齐全，可以精工细作地炮制美味。但艰苦的长途跋涉并没有消磨客家人对生活的热情，相反，他们想尽办法，充分利用手头的简易食材，制作出了各种美味。盐焗鸡便是其中的代表之一。

盐焗鸡的食材非常简单，就是鸡、盐、姜，最好再有

点料酒和小香葱。盐需要准备细食盐和粗海盐。

　　制作过程也并不烦琐。挑选一只2斤重的三黄鸡，洗净，去外皮，斩去鸡头、脖子和鸡爪，吸干水分后用料酒、姜末、细盐抹匀，腌制半小时。腌制期间，开火炒盐，把粗海盐倒入铁锅，加上八角，大火翻炒。把大粒海盐翻炒到开始弹跳，变成浅咖色，就可以把盐放入准备好的深口砂锅了。

　　砂锅底部铺上1/4厚度的大粒海盐，把腌制好的三黄鸡用锡纸包严实，放入铺了海盐的砂锅，再把剩下的海盐全都倒进去，盖上锅盖。用大火焗10分钟，再转小火焗1小时。出锅打开锡箔纸，香气扑鼻，皮爽肉滑，风味独特。

广式叉烧

作为广府烧味的代表，叉烧几乎会出现在任何带馅的食物里。当然，也可以作为主菜上桌。

广东本地长大的孩子，小时候几乎都被家长这样说过："生旧（块）叉烧好过生你。"字面的意思是，一块叉烧肉都比你强。家长夸赞别人家的孩子好，无非就是："你看看隔壁家的叉烧"。这就是广东地区千百年来特有的饮食文化的沉淀。不过这种话，孩子们并不会当真。

在家长心里，孩子"好与不好"，叉烧成了一个很重要的参照物。那么问题来了，能与孩子相提并论的美食，到底能"美"成什么样？

叉烧，是广式烧味的代表，将猪肉穿在叉子上放在火

上烧熟制成，所以叫"叉烧"。又因为出炉之前表皮要抹一层蜜糖，也叫"蜜汁叉烧"。一份米饭上面，平铺一排码放整齐的叉烧肉，配几根青江菜，再来半个咸蛋，这就是一份标准的广式午餐。每一块叉烧都层次分明，香而不腻，蜜汁入味，口感舒适，能够令享用美味的人极为满足。能与这份满足相比的，是孩子的懂事、上进与争气，这就是二者的可比性了。

　　烧味在广东已有2000多年历史，广州南越王墓就曾出土过烤制乳猪的炉具。到了清代康熙年间，烤乳猪已经是宫廷盛宴"满汉全席"里的一道主菜。清末民间最有名的烧味，当属孔旺记的脆皮烧乳猪，鲜味可口、皮酥肉香、入口松化。到了民国时期，又崛起了几个叉烧品牌，如皇上皇、妙栈等，这些老字号到现在依然生意兴隆。

08

島上味道

葡式蛋挞

葡式蛋挞的鼻祖店，如今是葡萄牙的网红店，每天都能卖出上万只蛋挞，高峰期能卖到 5 万只。而葡式蛋挞这种美味早已传遍全球，在中国澳门，它成了当地最有名的小吃。

葡式蛋挞的诞生，距今已有 200 年历史。发明这道点心的，是葡萄牙一家修道院的修女。1820 年，葡萄牙发生政变，这家修道院为了维持生计，尝试制作蛋挞等甜品出售，这让这道点心得以流传于世。

1989 年，英国人安德鲁与妻子在澳门做了改良版的葡挞。他们减少了葡挞的用糖量，蛋液也改用了英式奶黄馅，一经问世，广受欢迎。夫妻二人开了一家安德鲁饼店，主打改良版葡式蛋挞。

这种小点心实在太好吃，连肯德基都曾经单独开设葡

式蛋挞专卖店，现在虽然关停，但是肯德基餐厅依然供应葡式蛋挞。

葡式蛋挞的挞皮使用的是黄油开酥，成品就像千层酥，一口咬下去面渣四溅。而港式蛋挞原本沿用英国的配方，蛋挞皮和馅料都加了肉蔻，但是中国人不习惯点心里有辛辣味，所以港式蛋挞也做了改良，去除了肉蔻。香港的泰昌饼店为了增加销量，还改良了挞皮，尝试用曲奇面团做挞皮，也非常成功。

蛋挞发展到今天，很多商家还尝试在馅料里加入各种小料，如葡萄干、蓝莓干、蔓越莓干、巧克力豆等。其实最正宗的葡式蛋挞，还是无馅料的蛋液款。脆脆的酥皮包裹着温暖嫩滑的内馅，淡淡的焦糖味道，是下午茶的绝配。

台湾卤肉饭

在台湾地区种类繁多的美食里，最著名的古早味小吃，当属卤肉饭。不管是街边小吃店还是五星酒店，卤肉饭无处不在。

在台湾，人们举行民间传统祭祀活动时，会将贡品修整切下的边边角角的碎肉收集起来，攒多了就卤成一大锅，存放在冰箱里。

卤肉的制作比较简单，但是需要用到一些台湾特产的调料，如油葱酥，才能做出纯正的味道。油葱酥是红葱头油炸而成，在台湾几乎是家家户户都必备的拌料。酱油则必须用金兰油膏，退而求其次也得是金兰酱油，换了别的酱油，卤肉的味道就不一样了。

肉丁下锅，翻炒变色，放冰糖炒化，倒入金兰油膏拌匀，再倒入红标料理米酒或者是绍兴黄酒，翻炒过后再加水烧至沸腾。食材散发出香气后，加入五香粉、香叶、大料，搅拌均匀再加水没过肉。然后加入小碗油葱酥搅拌，再剥几个白煮蛋放入，一起炖煮90分钟。开锅后，舀一大勺香喷喷的卤肉配上米饭，尽情享用吧！

海南文昌鸡

文昌鸡饭，贵为海南美食之首。文昌鸡是海南省的地方鸡种，已有400多年的养殖历史，如今已经成为中国国家地理标志产品。

海南文昌是海南三大古邑之一。文昌别称"椰乡"，这里有世界最大的椰林——东郊椰林。绵延数十里的建华山海岸线上，有50多万株各品种的椰树，海风吹过，高低错落的树枝摇曳生姿。椰树林旁的山场树林里，一群群走地鸡欢快觅食。它们，就是文昌鸡。

海南人吃文昌鸡，传统吃法就是做成白切鸡，也叫白斩鸡。鸡腹中塞入海盐和蒜头，整鸡冷水下锅，煮好放凉，就可以直接斩食了。白斩鸡需要搭配蘸料，至于蘸料的配置，家家都有自己的秘方。而用炒过的鸡油加上鸡汤来煮白米，便是海南鸡油饭。文昌鸡配鸡油饭，再加上蘸料，食客们吃过一次就能明白，为什么文昌的"海南鸡饭"贵为海南美食之首了。

09

北方气派

山西面食

　　有一种说法，世界面食看中国，中国面食看山西。山西的面食文化从可考的历史算起，至今已经有2000多年了。

　　山西面食之所以独树一帜，首先是原材料的丰富超出人们的想象。在山西，面不仅是小麦做的，高粱、玉米、大豆、绿豆、豌豆、土豆、荞麦、莜麦、小米、榆皮、藜麦等都可以做成面。这些原材料还可以任意排列组合，于是就产生了无数种可能。很多在其他省份不常见到的面食，在山西却是家家户户经常吃的家常便饭。

　　除了原料丰富，山西面食的制作工具也超乎人们的想象。一把菜刀，可以做出柳叶面；一把剪窗花的剪刀，可以剪面；擦土豆丝的擦床，可以擦面；漏床用来抿面、压面；弯刀可以削面；还有不用借助工具，纯手工的揪片、猫耳朵……

　　赶上节庆，还能看到用面捏出的寿桃、龙头、兔子、鲜花等各种花馍。看山西人做面食，真的是一种艺术享受。

　　山西的面食丰富，但山西人执着于面本身，而不是配料辅料汤头。对他们来说，不管是蒸的、煮的哪种面食，就像南方人眼里的米饭一样，都是要就菜吃的。对山西人来说，最好吃的面，永远是自家做的。

猪肉炖粉条

　　在东北，猪肉炖粉条是最受欢迎的家常菜。猪肉和粉条配上各种配菜，陪伴东北人度过了一个又一个寒冷的冬季。

　　东北著名的美食有"三大缸""四大炖"，"三大缸"说的是酱缸、酸菜缸、咸菜缸，这"三大缸"简直是家家必备；"四大炖"分别是猪肉炖粉条、小鸡炖蘑菇、鲶鱼炖茄子、排骨炖豆角。"四大炖"里，最有名气的就是猪肉炖粉条，有白菜猪肉炖粉条、酸菜猪肉炖粉条、血肠猪肉炖粉条，等等。配菜虽然有多种选择，但是主角一定是猪肉和粉条。猪肉一定要选带皮的五花肉，切成四方块，先下锅煎至焦黄，煸出油脂，再放入姜片、八角、桂皮、干辣椒，小火翻炒出香味，再加入冰糖和清水，大火焖煮半小时，开盖放入配菜。配菜可以是娃娃菜、大白菜、酸菜，也可以是血肠、苦肠。再煮约10分钟，就可以开锅下粉条了。粉条需要事先泡好，下锅变软，就可以出锅了。出锅再撒点小葱花，一盆美味下饭的猪肉炖粉条就上桌了。

　　在寒冷的东北，全家人守着热炕头的日子里，没有人会有兴致做太复杂的菜式，于是就有了各种炖菜。炉头火苗跳动，锅里的香味飘满全屋，一家人守着一盆炖菜吃到冒汗，就是东北人的幸福时光了。

驴肉火烧

2017 年，中国烹饪协会评选中国地域十大名小吃，驴肉烧饼被评为河北名小吃。中国民间自古以来就流传着"驴肉香，马肉臭，打死不吃骡子肉"的说法。传说宋朝学士宋祁路过洛阳，在朋友家住了数日，朋友天天用驴肉款待他。宋祁吃上了瘾，最后竟然连自己代步的驴也吃掉了。而史料记载的驴肉火烧历史，可以追溯到 600 多年前。

正宗的驴肉火烧起源于河北的保定和河间。虽然都出自河北，但是两处的驴肉火烧不管是来历还是原料、做法，都各有不同。

在保定吃驴肉火烧，最正宗的要去漕河。宋代的漕河码头，有漕帮和盐帮两大帮派，一个运粮，一个运盐。双方都想独占码头，因此经常发生械斗。最终漕帮大获全胜，俘获了盐帮的运输工具：太行驴。驴肉太多了，各种吃法都用过了，漕帮又想到一个夹在烧饼里吃的方法。没想到，他们也像宋祁一样，吃得上了瘾，于是就有了著名的漕河驴肉火烧，也就是后来的保定驴肉火烧。

河间驴肉火烧，出身则名贵得多。河间是清乾隆帝下江南的必经之地。相传一次乾隆在农户家吃饭，农户拿出了他们认为最美味的食物：驴肉火烧。乾隆吃得非常满意，当即赋诗一首："河间处处毛驴旺，巧妇擀面似纸张。做出火烧加驴肉，一阵风来一阵香。"后来，为了方便吃驴肉火烧，乾隆还派人专门在河间修筑了行宫。

想区分二者也很简单。河间驴肉火烧都是长方形，用的是渤海驴，做法是酱制；而保定驴肉火烧都是圆形，用的是太行驴，做法是老汤卤制，烧饼里夹了驴肉，还要淋一点老汤，味道也更醇厚浓烈。

冰糖葫芦

在北方，几乎每个孩子小时候都吃过冰糖葫芦。戴着厚棉帽的大叔，骑着自行车沿街叫卖，车后座上插着一根大杆子，顶端四分之一处扎满稻草，仔细一点的，会用布把稻草裹好，稻草上面插满了冰糖葫芦。有橘子瓣的，有山药豆的，而最传统的冰糖葫芦，一定是用山楂制作的。

山楂自古以来就是消食积的良药，尤其是消肉积。连明代著名的医药学家李时珍都说："煮老鸡硬肉，入山楂数颗即易烂。"

冰糖葫芦的来历，传说和南宋的一位皇帝宋光宗有关。他最宠爱的黄贵妃病了，每天不思茶饭，日渐消瘦。皇帝很心疼，责令御医们想尽一切办法救治。贵重药品用了很多，也不见效果。皇帝无奈张榜求医，寄希望于民间高手。果然有位江湖郎中揭榜进宫，为贵妃诊脉之后开出药方："只要用冰糖与红山楂煎熬，每顿饭前吃五至十枚，不出半月病准见好。"因为药方太过简单，所以起初大家都不敢相信。但是贵妃吃不下别的，这个药方竟然很合胃口。于是贵妃按方服用，真的半月就病愈了。

这个神奇的药方后来流传到了民间。老百姓省去了熬煮的过程，直接用熬开的糖浆裹着山楂，裹好了，糖也凝固了。一串串的山楂个大饱满，在冰糖的包裹下晶莹剔透，成为孩子们心中酸酸甜甜的记忆。

羊肉泡馍

历代关于西北饮食的记载中，羊肉泡馍都有着浓墨重彩的一笔。它不仅在陕西人心中地位难以替代，更曾作为国宴主食，招待过很多外国政要。

在陕西人眼里，正宗的羊肉泡馍堪称陕西一绝，当得起"天下第一碗"的美名。在西安，几乎所有人都是吃羊肉泡馍长大的，即使以后游历四方，心里念念不忘的，还是那一碗泡馍的味道。

羊肉泡馍，古时称为"羊羹"，宋代大文豪兼大美食家苏轼就曾留下诗句"秦烹惟羊羹"，翻译成白话就是，陕西最好吃的就是羊肉泡馍。

羊肉泡馍的上品，用的一定是陕西榆林的横山羊肉。横山地处毛乌素沙漠和黄土高原的过渡地带，这里的羊常年放养，啃食地椒、苜蓿、沙葱、香艾等植物，低脂无膻，肉质细嫩，香味浓郁。

羊肉洗净切开，加葱、姜、花椒、八角、茴香、桂皮等调料煮烂备用。九分死面一分酵面反复揉搓，擀成巴掌大的圆形，干烙至八成熟，这叫饦饦馍。把馍掰成黄豆大小，配上羊汤和羊肉，再放入调料，一碗香气四溢的羊肉泡馍就可以吃了。

但是真正的吃家还不满足于这些，他们有更为细致的吃法，分为三种。一种叫"干巴儿"，也叫"干泡馍"，就是汤比较少，馍都泡透之后，碗里没有多余的汤汁；另一种叫"一口汤"，就是泡馍吃完以后，碗里还能剩一口汤；还有一种叫"水围城"，汤多，像大水漫城，馍吸收了汤的油脂，汤变得清亮鲜美，这种吃法也是很多人的心头好。不管怎么吃，最讲究的就是掰馍，最忌讳的就是搅动，容

易把馍搅散，变成了面糊羊汤。

　　馍的大小粗细，决定了一碗泡馍的吃法。后厨的炒馍师傅，看一眼掰馍的形状，就知道这是新手还是老吃家、想要"干泡馍"还是"水围城"。而出了陕西，再吃到羊肉泡馍，大多都是切好煮好直接端上来，有汤、有馍、有肉，食客只需动筷子了。

陕西凉皮

陕西凉皮在全国都赫赫有名，北方以凉皮和肉夹馍为主打的饭店或者小吃摊，几乎都要冠上"陕西"或者"西安"的字样，以示正宗。

陕西凉皮能够如此出名，要得益于一件古老的石质工具：石磨。石磨发明于战国时期，两片圆饼状的石盘，贴合面凿成不规则的形状，粮食从顶部圆孔漏进那些不规则的凹槽，随着石磨的转动，被碾成粉末。如果泡过的粮食加了水一起磨，出来的就是浆，如豆浆、米浆等。粮食磨成面和浆，为熟食的多样化提供了更多的可能。比如大米磨成的米浆，就被制成了米皮。

从原料上区分，陕西凉皮可以分为米皮和面皮。面皮的制作工艺更为复杂，不像米皮，可以直接将米磨成米浆。面皮需要先和面团，再放到水里洗，边洗边轻拍，把面团里的淀粉拍出来。没了淀粉的面团只剩下面筋，形状有点像冻豆腐，却比冻豆腐更加有嚼劲。淀粉水静置，等待淀粉充分沉淀，再倒掉清水，剩下的淀粉浆加适量水，搅拌成稀稠适度的面糊，这时候就可以开始蒸制凉皮了。

陕西凉皮里最有名的要数岐山擀面皮、汉中凉皮和秦镇大米凉皮。其中岐山擀面皮又被称为"御京粉"，相传其制作技艺是清康熙年间，岐山籍御厨王同江从京城带回故乡的。秦镇米皮的历史更悠久，据考证在1600多年前，秦镇就已经盛产米皮，后来秦镇米皮还曾经成为皇家贡品。

制作好的米皮和面皮，加上自酿的粮食醋、蒜汁、姜汁，再根据个人口味加适量的辣椒油，配上黄瓜丝、豆芽，酸辣可口，爽滑弹牙，是夏日里清凉解暑的美味。

肉夹馍

2016年，肉夹馍入选陕西省第五批非物质文化遗产名录。馍外焦里嫩，配上令人满口生津的肉，吃一次就会明白，为什么这种美食能红遍大江南北，成为中国人最喜爱的小吃之一。

肉夹馍，在英文里的说法是"中国汉堡"，倒也形象。在陕西，肉夹馍与凉皮是一对黄金搭档。无论何时何地，在卖肉夹馍的店里，就一定也能吃到凉皮。肉夹馍以吃法不同，又细分为使用白吉馍的"腊汁肉夹馍"、肉里放醋的宝鸡西府"肉臊子夹馍"、热馍夹凉肉的"潼关肉夹馍"等。

腊汁肉的做法可追溯到2000多年前的春秋战国时期，那时叫"寒肉"。制作时不加葱姜料酒，也不用糖色，而是用几味中草药及香料与肉同煮。腊汁肉香味特殊，闻一下满口生津。

腊汁肉夹馍使用的白吉馍，只有手掌大小，先烙后烤，厚薄2厘米左右。白吉馍讲究"虎背、铁圈、菊花心、鼓鼓腔"，一面金黄似虎皮，一面黄白相间似菊花，周圈暗红如铁锈，中心空隙叫鼓鼓腔。好馍夹好肉，咬上一口，酥脆爽口，唇齿留香。

臊子面

　　臊子面是陕西有名的风味面食，尤以岐山臊子面名声最盛。在陕西关中地区，无论喜事丧事、逢年过节、老人过寿、小孩满月，还是家里来了亲朋好友，都离不开臊子面。

　　中国自古以来就有吃面庆生的传统。在关中农村，老人过寿，一定会办臊子面流水席。这可是全村的盛事，村里能来的都会来。大炉架大锅，一个锅煮面，一个锅做臊子。吃臊子面讲究宽汤窄面，所谓一碗面，七分汤，一碗也就放一筷子面，饭量好的小伙子一次吃上二三十碗也不成问题。虽然在陕西臊子面是经常能吃到的面食，但流水席上的臊子面，吃起来总是别有一番风味。

　　一碗合格的臊子面，必须满足"面白薄筋光，油汪酸辣香"的特点。面条细长，厚薄均匀，入口筋道，臊子鲜香，面汤油光红润，汤味酸辣，滋味鲜香浑厚而不腻。其中，臊子是"灵魂"，臊子面好吃主要就好吃在臊子上。臊子除了肉丁，还要搭配多种配菜：鸡蛋、黄花、木耳、土豆、胡萝卜、豆腐。所有配菜都切成丁，与肉丁炒在一起，再倒上高汤烧开，加上青蒜、葱花，不仅看上去十分好看，而且口感层次丰富，荤素搭配，营养均衡。

　　揉面、擀面、切面、炝汤、下面、浇臊子……一碗香喷喷的岐山臊子面就这样上桌了。在寒冷的冬天，来上这么一碗热热乎乎、酸酸辣辣的臊子面，那可真是浑身通泰！

狗不理包子

　　狗不理包子在民间口口相传，从天津传遍了全国。"皮薄馅大"是其显著特征。2011年，狗不理包子传统手工制作技艺入选国家级非物质文化遗产名录。

　　自漕运兴起，天津就成为南方粮绸茶货北运的水陆码头。从唐朝开始，历朝历代都十分看重天津的地理位置。在漫长的历史岁月中，天津逐渐发展成北方最大的港口城市。南来北往的人多了，赶时间的人需要即吃即走，不赶时间的人希望能找个地方轻松解闷。于是天津就发展出了两样影响深远的产品：包子和相声。

　　狗不理包子封口要捏十八下，叫"十八捏褶子"，只能多不能少。包子馅儿更讲究，必须用新鲜的土猪肉，夏天用七瘦三肥，冬天用六肥四瘦，春秋不冷不热，肥瘦各五分。猪骨炖的高汤，配上小磨香油调馅儿，一口咬开，油水汪汪，发面的香气混着肉香，熨帖了食客的胃。

　　狗不理的招牌，源自创始人高贵友的小名"狗子"。他14岁开始在一家经营蒸食的小吃店里做伙计，17岁就独立门户开了自己的小吃店"德聚号"。高贵友做的包子，口感柔软，鲜香不腻。德聚号生意越来越好，他忙得顾不上跟客人闲聊，于是客人们戏称"狗子卖包子，不理人"。时间久了，就简化成了"狗不理"，"德聚号"反而没人叫了。

十八街麻花

狗不理包子、十八街麻花和耳朵眼炸糕，并称"天津三绝"。桂发祥十八街麻花在1989年获全国食品金鼎奖和全国首届食品博览会银质奖，1996年桂发祥被命名为"中华老字号"。

正宗十八街麻花，一定出自百年老字号桂发祥。"十八街"名字的来历，是因为桂发祥的店铺最早位于天津大沽南路十八街处。

天津人爱吃麻花已有很久的传统。其实不止在天津，中国南北各地，都有麻花这种小吃。

各地麻花的制法大同小异，都是两三股条状的面拧在一起，用油炸制而成。而桂发祥的十八街麻花，打破了这一传统，创始人刘老八第一次让麻花有了馅儿。同样是几条面拧在一起炸，桂发祥的面一定有一条是带芝麻的麻条，还有一条是什锦酥馅。

什锦酥馅极其讲究，里面有杭州西湖桂花加工而成的咸桂花、岭甫种植甘蔗制成的冰糖、精制的小麦粉、上等清油，还加了闽姜、核桃仁、花生、青红丝。经过刘老八改良的麻花，口感更加酥脆，保存时间也更长。桂发祥十八街什锦夹馅大麻花的招牌一下就打响了，赢得了上至达官显贵、下至布衣百姓的推崇，成为津门美食翘楚。

10

塞上风味

新疆羊肉串

新疆以外的人才会把羊肉串叫羊肉串，新疆人都叫它烤肉。

新疆是中国陆地面积最大的省区，占到了中国国土面积的六分之一。这里地广人稀，有沙漠、雪山、盆地、森林，有美丽的湖泊和成片的大草原。新建的天然草场总面积达到8.59亿亩，最重要的是，四季草场齐全，春、夏、秋、冬场和全年场都有，草肥水美，使得新疆的畜牧资源禀赋独特且优越。

新疆人一周七天，一天三顿，几乎顿顿都离不开羊肉。而烤羊肉，永远是新疆人的最爱。

以前，新疆人烤肉都是用红柳条做签子。羊肉现杀现烤，红柳签子也是现砍现串。只有新鲜的，才是最美味的，就连串肉用的木签子也一样。新鲜砍下的红柳枝，经过加热之后，表皮会释放出一种香气，渗入羊肉中，会增加羊肉的风味。这种效果与果木烤鸭类似。

新疆烤串的调料很简单，就是一点盐，顶多加一点点辣椒面和孜然，而大多数店家更喜欢只放盐。因为其他所有调料在极致的新鲜美味面前都是画蛇添足。用新疆人的话说，"放那么多香料是糟蹋肉"。

羊太多了，所以新疆人只挑嫩的吃。6个月到1年的羊是最鲜嫩的，超过1年的羊，味道就变了。新鲜幼嫩的小羊，一点膻味也没有，肉质无比细嫩，只需一点点盐，就能香得让人垂涎三尺。

兰州拉面

兰州拉面，"中国十大面条"之一，中国烹饪协会评选的三大中式快餐之一，被誉为"中华第一面"。

兰州拉面讲究"一清二白三红四绿五黄"，说的是汤清，萝卜白，辣油红，蒜苗香菜绿，面条黄亮。汤一定是牛肉汤，首选牦牛肉，还要加入牛骨髓、棒子骨、土鸡等，再加入花椒、草果、香叶等二三十味香料。经过一夜的煨煮和过滤沉淀，清晨，一锅香气扑面的清汤就制成了。

兰州人对拉面极其热爱，所以拉面馆遍布大街小巷，激烈的竞争促使店主们精益求精。一锅牛肉汤数量有限，一般到下午就会卖完。如果哪家拉面馆晚上还开门，要么就是拉面很难吃所以没卖完，要么就是晚上卖别的饭菜。总之，兰州人是绝不会拿拉面当晚饭的。

真正的兰州拉面，用的是新鲜的高筋面粉，面团始终保持在30摄氏度，然后"三遍水，三遍灰，九九八十一遍揉"。灰，指的是戈壁滩特有的蓬草烧制出来的蓬灰，呈碱性，不仅能让面有特殊香味，还能让拉面变得更加筋道、爽滑。一位老练的厨师，一般只需十多秒，就能把一个面节拉成一碗粗细均匀的面条。不管是看制作工艺还是亲口品尝，兰州拉面带给人的都是一种满足和享受。

大盘鸡

2018年，大盘鸡被中国烹饪协会评为新疆十大经典名菜。

关于大盘鸡的出现，一种说法是，清末名将左宗棠在新疆打了胜仗，为了犒劳三军，他命人就地取材，用当地土鸡和土豆、辣椒做成美食，大盘大盘地端上来，这就是大盘鸡的前身。

大盘鸡选用十几种香料秘制配比，先爆炒鸡肉，然后加啤酒和土豆一起炖。炖到肉软烂，土豆也熟了，放入青椒、红椒翻炒。出锅的时候，盘底铺上煮好的皮带面，上面盛满肉和菜，一盆香喷喷的正宗新疆大盘鸡就做好了。

大盘鸡肉质爽滑，土豆软糯甜润，青椒、红椒色泽艳丽，皮带面筋斗爽口。如果喜欢吃辣，还可以放些朝天椒和花椒，麻辣鲜香。有面有菜有肉，吃出一身汗，一定会大呼过瘾。

烤全羊

  烤全羊是草原上的大餐，以前只有达官贵人招待尊贵的客人时才能享用，普通牧民是吃不到的。现在畜牧业发达了，羊出栏率提高了，烤全羊已经成为最受欢迎的草原美食，各地出现了很多主打烤全羊的店铺。

  烧烤的火候是所有烹调方式里最难把握的，需要时刻关注火焰的变化，哪怕短短10秒，口感都会有极大的差别。烤全羊绝对是个技术活。一只成品烤全羊，重量大概在20~30斤。怎么能让二三十斤肉同时熟透，还要外酥里嫩，这是非常考验"主烤官"功底的。

  现在的烤全羊一般有两种制作方法。

  一种是在馕坑里焖烤。这种做法有点类似便宜坊的焖炉烤鸭，利用密闭空间里的高温，把羊肉焖熟。馕坑里也会放一些果木或落叶松木屑，就像烤鸭一样，也是为了

增加风味。烤制前先用姜黄、藏红花和鸡蛋清刷遍羊身，不是为了调味，而是为了上色。刚出馕坑的烤全羊热气腾腾，金黄喷香，不仅有强烈的视觉冲击力，更有嗅觉冲击力。

另一种是传统的火烤。一般需要提前腌制，腌制又分干腌和湿腌。干腌就是抹盐，湿腌是以盐疏松肌理，然后用胡萝卜、芹菜、洋葱加上西北特有的沙葱制成的蔬菜汁腌制整羊8小时，再撒上孜然人工捶打。更讲究一点的，还会在外皮刷一层大米面和白芝麻，这样烤熟后嚼起来口感层次会更丰富。烤羊的时间需要精准把控在75~80分钟，以保证肉质鲜嫩。

烤全羊与烤串不同的是，烤全羊使用的香料更多，腌制时间更长，味道更加浓郁，完全遮盖了羊膻味；烤串是吃个新鲜，新鲜到只需要一点盐调味。不管是哪一种，草原上的烤肉，都绝不会让你失望。

11

节令美食

饺子

　　饺子是中国最负有盛名的节日美食，尤其过年的时候，北方家家户户都会围坐在一起吃饺子。世界各地，只要有中餐馆的地方，都能看到菜单上有"饺子"。

　　相传中国的饺子起源于东汉时期，最早是被称为"医圣"的张仲景配的药方。张仲景发现家乡的人冬天手脚容易长冻疮，很多人甚至耳朵都被冻烂了，于是他就用面皮包上祛寒的食材和药材，捏成耳朵的形状，放在热汤中煮熟，取名"祛寒娇耳汤"。百姓吃了，身体暖和过来，冻疮也逐渐减少了。张仲景搭棚舍药送"娇耳汤"的那天，刚好是冬至，于是民间就有了"冬至吃饺子不冻耳朵"的说法。"娇耳"，就成了饺子的雏形。

　　张仲景把"娇耳汤"送给百姓吃，从冬至一直持续到大年三十。人们为了庆祝冻烂的耳朵康复，就照着"娇耳"的样子，大年初一做了吃。1800多年过去了，冬至和过年吃饺子的传统，就这样世世代代传了下来。

　　张仲景肯定没想到，自己发明的这个食疗药方不仅传遍了中国的大江南北，还漂洋过海、落地生根，受到不同文化不同信仰的各国人民喜爱。

　　传承了唐朝风俗的日本京都，至今被奉为日本饺子的嫡系，甚至连唐朝饺子里包蒜的做法也一并传承至今。韩国的饺子会把两头捏在一起，更像馄饨，馅料多是牛肉加桔梗。越南饺子更像中国北方的正宗饺子，但是面皮换成了米皮。如果在以色列看到饺子也不用感到奇怪，在以色列的赎罪日，以色列人也会像中国北方人过除夕一样，必定吃饺子。在欧洲的"十字路口"——"丝绸之路"的必经之处波兰，这个人口只有3840万的国家，每年消耗的饺

子以万吨计。

　　这种用面皮包上馅料、或蒸或煮做成的食物，在世界上很多种植小麦的地区都存在。也许是这些地方的人们或多或少受到了中国饺子的影响，也许是大家不约而同地选择了同样的制作方式。

粽子

端午节又称端阳节、重五节，由上古时代祭龙仪式演变而来，后来又增添了很多新的文化内涵。端午节与春节、清明节、中秋节并称为中国四大传统节日。2009年9月，端午节成为中国首个入选世界非物质文化遗产的节日。

粽子的起源，在中国几乎是没有争议的。2300年前，爱国诗人屈原听到秦军攻破楚国都城的消息，悲愤交加，写下绝笔作《怀沙》，然后就抱石投入汨罗江。沿江百姓听说了，纷纷引舟竞渡去打捞，还把米粮投入江中，希望鱼虾吃粮而不损伤屈原肉身。还有一位老大夫，把一坛坛雄黄酒倒入汨罗江中，希望能醉晕那些蛟龙水兽。再后来，人们用艾叶包裹糯米，再绑上五色绳，投入江中，据说蛟龙看到会害怕。这一习俗渐渐沿袭下来，在每年的五月初五，就有了赛龙舟、吃粽子、喝雄黄酒的风俗，以此纪念爱国诗人屈原。

粽子的吃法，在南方和北方又有不同。一般的食物都是"南甜北咸"，粽子却相反。南方人会以粽子为主食，粽子里加肉和蛋黄，可以当正餐食用；北方人多以粽子为点心，偏爱豆沙馅、蜜枣馅这些甜的馅料，而且北方粽子个头都偏小，不是作为正餐主食的。甜粽里，又以枣馅居多，称为枣粽，谐音"早中"，寓意读书的孩子吃了可以早中状元。过去，很多读书人在参加科举考试的当天，早晨都要吃枣粽。

不管是包成尖角还是包成四角，是咸味还是甜味，粽子都一定是用长条宽叶包上糯米和馅料做成的。最早是用菰叶，后来变为箬叶、芦苇叶。馅料从屈原时代的无馅，到东汉发展为肉馅，宋代人以果品做馅，元明清时期有了豆沙馅、枣馅、火腿馅。

　　千百年来，粽子已经成为南北人民都喜爱的美食。粽子的包裹方式，甚至成为中国非物质文化遗产传承技艺。

元宵

　　元宵节也叫春灯节、上元节，时间为每年农历正月十五。这一天，城市乡村张灯结彩，灯火通明，男女老少赏花灯、猜灯谜、放烟火，还要吃元宵，热闹非凡。

　　汉代有一种习俗，民众在正月十五这天，手持火把去田野驱赶虫兽，祈求来年获得好收成。直到今天，中国西南一些地区的人们，还会在正月十五这天，高举火把成群结队地在田间地头或晒谷场跳舞。现在，很多地方都已经将点火把演化成放天灯，在灯上写满各种祈愿，希望天灯上达天庭，人们能得偿所愿。从唐朝中期以来，元宵节更是成为全民狂欢的节日，南北各地的人们都会观花灯、猜灯谜、擂鼓、踩高跷、舞狮舞龙。还有一件人们一定都会做的事情，就是吃元宵或汤圆。

　　元宵和汤圆，虽然看上去长得几乎一样，但其实有区别。南方人吃的汤圆是"包"出来的，表皮光滑黏糯，馅料偏软，鲜甜荤素口味众多；北方人吃的元宵是"滚"出来的，表皮干燥松软，馅料偏硬，一般都是单一的甜口，如豆沙、枣泥、黑芝麻等。

　　超市里能买到的，多是速冻汤圆，因为汤圆比较容易储存，所以全年都能吃到。但是元宵冷冻后容易干裂，所以在北方都是现场制作现场卖，买回家当天吃。正月的北方，商家沿街摆摊现场滚元宵，也是街头一景。

　　吃完元宵，过完正月十五，就代表春节庆典正式结束，人们的生活又要回归日常了。

青团

　　每年仲春与暮春相交之际，就到了中国人祭祀祖先的节日——清明节。清明时节春暖花开、万象更新，正是踏青游玩、享受大自然的好时机，人们会踏青郊游、植树、放风筝。在元、明、清三代，甚至定清明节为秋千节，从皇宫到民间，都会架设很多秋千，供人玩耍。在江浙一带，人们还会在清明节做一种好看又好吃的小食：青团。

　　在江苏、安徽、上海、浙江、江西等地区，清明时节，人们会做一种应季小吃——青团。青团，物如其名，是绿油油的一个小圆团。蒸锅开盖，一股特有的青草香气

扑鼻。它青翠软糯的样子，可爱到让人不忍直"食"。

青团的绿色，来自纯天然的草汁。不同的地方会用不同的原料。浙江南部的青田和温州，用的是鼠曲草；浙江宁波、上海、安徽黄山等地，用的是艾草；苏州人多用的是浆麦草。

从田间现拔的草，用石锤捶出青汁，倒入糯米面里，和成面团，静置饧面。然后，根据自己的喜好调制馅料。馅料没有什么限定，喜欢吃甜的，可以加豆沙、莲蓉；喜欢吃咸的，可以加鱿鱼干、鲜笋、鲜肉。做好的馅料，一个个包进饧好的小面团，再搓成圆球，放入蒸锅蒸熟。

咬一口，都是春天的味道。

月饼

中秋节自古是中国人阖家团圆的节日。直到今天，有华人的地方，就一定会过中秋节，而过中秋节就一定要吃月饼。

史料能查到的"月饼"一词，可以追溯到南宋。经过近千年的传承演变，月饼衍生出各式各样的做法和口味。

月饼，最早是用来祭拜月神的供品。中秋夜，家家都要举行祭月仪式，设大香案，摆上瓜果梨桃，月饼也是必不可少的。祭拜完毕，当家主妇按人数切月饼，要切得大小一致，不能赶回来的家庭成员也得有份，这象征团圆。

经过近千年的演变，月饼在不同地区发展出不同口味，形成了广、潮、晋、京、苏五大流派。广式月饼皮薄松软，馅料有甜有咸，你能想到的广东早茶中那些小点心的馅料，基本都能出现在广式月饼里。潮式月饼长得有点不太像月饼，皮酥馅细，甜而不腻，完美再现了潮汕人对吃的精致追求。晋式月饼以面为馅，酥松绵软，把山西人善做面食的特点发挥到了极致。京式月饼，最经典的就是青红丝做馅的自来白月饼。苏式月饼多为酥皮，撒着黑芝麻，有豆沙馅、枣泥馅，即便是火腿馅也带着甜味，口感酥松。

不同节日对应不同的食物，体现了每个国家每个民族对自身传统的一种仪式感。海外华人聚居的地方，往往对这种仪式感更为看重。五湖四海，国内国外，没有吃不到的月饼，只有解不开的乡愁。

八宝粥

　　八宝粥，也叫腊八粥，每年农历腊月初八，中国北方地区几乎家家户户都要喝腊八粥、做腊八蒜。这个节日是从古印度传入中国的，是佛祖释迦牟尼成道之日，所以也称为"法宝节"，是佛教盛大的节日之一。

　　法宝节这一天，各大名寺古刹都要用香谷果实等煮粥供佛，效法的是佛陀成道前牧女献乳糜的典故。这时候的粥还叫"七味五宝粥"，是腊八粥的前身。从宋代开始，陆续有文字记载这一习俗。到了清代，每年腊八节，雍和宫都要举行盛大的煮粥供佛仪式，由王公大臣亲自监督进行。

　　宝刹里的供粥，最后都会给众人分食。香客们认为供养佛陀的粥特别吉祥，不仅自己食用，还会带回家与家人

共享。时间久了，北方地区就形成了喝腊八粥的风俗。

　　宋代腊八粥有糯米、芝麻、薏米、桂圆、红枣、香菇、莲子等8种食材；到了清代，腊八粥用黄米、白米、江米、菱角米、栗子、红小豆、去皮枣泥、红桃仁、杏仁、瓜子、花生及白糖或红糖等熬制。民间凑不齐这么多食材，于是只好凑种类，至少选8种可以熬粥的纯素食材，做成八宝粥。如今生活条件好了，八宝粥的原料更加丰富，也不再限于8种，全凭个人喜好。

　　今天，中国大大小小的寺院都保留了在腊八节施粥的传统。如果想喝桂花口味的，可以去杭州灵隐寺；想喝咸的，可以去上海龙华寺；成都文殊寺的八宝粥，用料17种；郑州少林寺的八宝粥，则是加入秘制药汁的少林五行八宝粥。在腊八节当天去名山古刹求一份施粥，也是人生难得的体验。